魅力OL情景剧场

OL

office lady
beauty skin care
topic time

魅力物语

陆莹 著

山东美术出版社

Fashion Topic

美容话题也可以用八卦聊

在我的办公室里，只要几个女人有了闲工夫凑在一起的时候，不是聊昨天娱乐新闻看到哪个女明星又傍上了大款，就是讲最近血拼到了什么好东西，这段时间有什么皮肤问题，长草了什么新的彩妆产品，女人的话题永远也逃不过诸如此类。某一日大家又聊上了的时候，有人说，最近买了本讲皮肤保养的书，但是里面文字太无聊了，都是报告式的流水账，让人读不下去，倒是我们这样随便聊聊，却能聊出不少心得来。大家也都赞同，认为每一次的美容经验值都是在八卦聊天中获得。于是大家突发奇想，为什么不能有一本书，是以聊天的形式来跟大家探讨女性的皮肤问题呢，于是要写这本《OL 魅力物语》的想法就这么诞生了。

其实，大家都不是专业的美容大师，正因为如此，才会有许多奇奇怪怪的美容保养上的想法；大家也都为了漂亮，花费了大量时间研究哪些产品能化腐朽为神奇，哪些产品等同鸡肋。而美容经验都是相对单独的每个人来说的，换了是别人，同样的产品未必有好效果，但是大家把自己的经验拿出来合并，也许就可以少走不少弯路，而这本书的初衷也正是如此。

希望通过这本书，越来越多的人可以把自己的美容见解分享出来，我们就用这种八卦聊天的方式，把女人的美容事业发扬光大。

美容事业部OL档案簿

Beauty Files

Lynn

34 岁
成功事业型女性代表人物
干性肤质

皮肤白皙光洁
年龄渐长
保养进入瓶颈期
时不时眼角会冒出小细纹
到了秋冬季身体肌肤经常因为缺少滋润
而干燥瘙痒
视全身的保湿补水为毕生美容最大事业
在美容事业部属于百科全书级顾问

Saron

30 岁
标准办公室“白骨精”代表人物
混合型偏油肤质

肤色偏红
怕晒黑，怕长斑点
心愿是拥有欧美女人那样白皙的肤色
皮肤油水不平衡
混合型皮肤 T&U 区差异明显
对她来说，分开护理皮肤是最好的方式

Mavis

28 岁
花花世界夜店女王代表人物
敏感性肤质

小麦色肤色，皮肤角质偏薄
靠着年轻的资本尽情挥霍
长期生活作息不规律导致各种美容问题
对于她来说改善生活习惯
从身体内部开始保养才是首要问题

Iris

25岁
80后迷糊宅女代表人物
混合型痘痘肤质

皮肤为最佳状态时期
油脂分泌旺盛
属于保养化妆新手养成级别
理论知识丰富，但只限于纸上谈兵
成人痘是她迄今为止最大的美容课题

Contents

Part One ▪ 猫科动物的眼部问题

efeat Dark Cycle

dark cycle

猫科动物的眼部问题

Mavis自诩猫科动物，一到晚上眼睛就特别"亮"，泡夜店唱K牌局，哪儿都有她的份。一日早晨神清气爽地迈入办公室，刚落座，小Iris就贼兮兮地凑上来："昨天又哪儿逍遥去啦？"

"一个朋友的单身party，闹到两三点才散伙。"

"看出来啦！你看你那眼袋。"

"啊？很明显啊？"Mavis照照镜子，果然眼睛下面两个黑黑的眼圈，妆再怎么盖还是掩饰不了和本来肤色的落差。

"果然是猫科啊，还是国宝级别的。"Saron在旁边偷笑。

"怎么办？"

"烟熏妆不挺好的嘛！"Iris也跟着笑。

Mavis求助地转向今天一直没怎么开口的Lynn。

"有两个办法，第一早点睡觉，第二还是早点睡觉。"Lynn无奈地看看她，"你做得到？"

"做不到的！"Saron和Iris异口同声代替Mavis回答。

没有放弃夜生活的可能性，"还有别的么？"Mavis可怜巴巴地问。

你是哪一种黑眼圈

黑眼圈的形成分为两种：一种是由于微血管的血液不畅、阻塞所呈现出的青色黑眼圈；另一种是因为新陈代谢不完全所产生的茶色黑眼圈，与黑色素沉淀有关，这两种黑眼圈形成的原因是完全不同的。

像Mavis这种因为熬夜、睡眠不足所引起的Office一族最常见的黑眼圈现象，基本上都属于青色黑眼圈。

眼周的皮肤是女人脸上最最娇弱的地方，它甚至还没其他部位皮肤的1/10那么厚，因为肌肤组织异常地薄，使这个地方的血液流动和淋巴循环缓慢。当睡眠不足时，眼睑得不到正常的休息，尤其是下眼睑的血液流量长时间工作不间断，引起眼圈皮下组织血管含氧量低，严重“缺氧”的情况下，眼周肌肤处就开始堆积黑色阴影，熬夜常常有，黑色阴影也就日积月累。到你开始注意到它时，已经是不可挽回的局面啦。

panda
eye

通常这种类型的黑眼圈，好好地调整作息，睡睡美容觉就可以恢复过来。但是看看Mavis这种一到晚上就闹腾的夜猫子类型，让她补个觉可比登天还难。但是熊猫眼到底是有碍社会发展，本着“face共进退”的原则，三个女人决定好好针对Mavis的眼部问题调教一番。

首先，命令Mavis先去把妆给卸了，尤其是眼妆，要求是100%的干净清透。

每日的眼部卸妆是重点

1 将卸妆棉放于眼睑，合眼后将浸透卸妆液的棉花棒由上而下从睫毛根部处往下抹。此步骤是为了将睫毛表面的睫毛膏凝结物去除。

2 化妆棉浸透眼部卸妆液，敷于眼部，将睫毛和眼线处的残留物溶解干净，尤其是现在防水效果较持久的睫毛膏或眼线液，更是需要此步骤。

3 按照眼周肌肤的纹理，将化妆棉从眼头往眼尾方向轻轻抹去，在清洁下眼线时双眼向上望的话比较容易卸干净。此时要注意的是，手法一定要轻和慢，眼周的肌肤非常脆弱，不要贪图快和省事。

4 清洁眉毛的时候，化妆棉首先由内往外轻擦一遍后，再反向由外往内逆着眉毛的生长方向再清洁一次。

5 此时，大部分的睫毛和眼影应该已经清洗干净了，但也许还有一小部分残留物隐藏在肌肤褶皱或眼角眼尾不容易发现的各处，将棉花棒蘸取卸妆液，以与眼睛垂直的角度擦拭这些部位，就像清洁眼线一样。

• defeat
tterly

Massage

到此时为止卸眼妆的过程才算告一段落。但是，这才是卸妆部分，真正的清洁现在才要开始。

首先要注意的是，一定要用温水清洁，尤其是眼睛。有条件的话，使用不含杂质的蒸馏水清洗，可以最大限度地避免因为水质不好给眼睛带来的二次污染。用化妆棉或者棉布毛巾蘸取温水轻轻按摩眼部肌肤，动作轻柔以减少外力的刺激。最后擦干眼睛的方式也很重要，一定是要用按的，轻轻把眼部的水渍拭干，千万不要用力擦。

10分钟后，Mavis从洗手间回来，三人检查清洁工作完毕。Iris首先拿出已准备多时的热毛巾一条，“最简单的办法是热敷，热血化瘀，并且如果加上正确的按摩手法，能得到事半功倍的效果。”

“热敷与冷敷有什么不同？”有人存心不耻下问。

“热胀冷缩的原理懂不懂？！热敷祛瘀冷敷消肿！”

众人作顿悟状。

热胀冷缩原理的眼周按摩术

将热毛巾敷于眼部，毛巾的长度最好能抵达两边太阳穴为止，并且确定完全覆盖住眼周肌肤。热敷的时间大约在20分钟左右，当蒸汽逐渐打开眼部的血液循环后，接着再用冷毛巾敷1分钟，让打开的毛孔收缩。

配合眼周穴位按摩效果更佳：

STEP 1 中指由上眼睑内部向外按压至太阳穴，再由太阳穴沿着下眼睑按压至眼睑与鼻梁相接处。

STEP 2 无名指按在眼尾和眼角两边的穴位上，大约3~5秒钟后放松，连续做10次。

never give up

“穴位按摩不是要找准穴位吗？找不准是不是就没有效果了？”

“不会找穴位，眼保健操总会做吧，一套眼保健操做下来，效果就应该跟按摩差不多了。”

“这个做完以后眼睛确实很舒服，”Mavis亲身体验过后说，“但是效果并不明显，黑眼圈该有的还是有！”

“热敷和按摩手法当然不可能一次就见效，持之以恒才是关键！”Iris为自己的方法辩护。

“有更快的方法吗？”

Lynn作神秘状眨眼。

Tips

遮盖黑眼圈最好选择偏橘色的遮瑕膏。千万不要忘记内眼角及外眼角，因为这两个部位是黑眼圈最严重的地方，同时却也是最容易被忽略的地方。

眼部遮瑕技巧

应急的办法当然还是有的。如果一时去不了顽固的熊猫眼，只有在上妆的时候用些小手段了。

熊猫眼

分别选择同一色系的浅色和深色两种眼影，形成颜色对比，能修饰掉黑眼圈。

眼部暗沉

如果眼周肌肤太疲劳，让眼睛看上去没有神采的话，选择偏紫色系的眼影能提亮整个眼妆的效果。

眼睛浮肿

这个不只是熬夜才会有的症状，有时候睡前多喝点水早晨起来眼睛也会浮肿，俗称“水泡眼”。在上妆时候将眼线描得比平时粗一些，内眼角用珠光色眼影勾勒，最后搭配浓密的黑色睫毛增加重力感，以此掩饰眼睛浮肿的问题。

红血丝

上眼影之前先用眼部遮瑕膏调整肌肤颜色，选择属于冷色调的灰色眼影修饰红血丝问题。

eye cream

谁说25岁之后才开始用眼霜

眼霜对于绝大部分女性来说，当然是必需品，根本不应该因为年龄而给它设个限。

对于大多数的女性来说，不论是学生还是OL，几乎整天都离不开电脑，待在空调间内，长时间在冷暖气的作用下，皮肤严重缺水，眼周肌肤更是深度疲劳，过早出现皱纹等老化问题。所以，25岁，指的是你肌肤的年龄，并不是你的实际年龄。如果你的肌肤一直干涩缺水，眼角开始出现小细纹，眼睛干涩，对着电脑时间太长，就该早点选用适合你的眼霜保养品了。

“那么平时眼周肌肤的重点保养该怎么做呢？”

“最常见的就是选一款针对自己黑眼圈问题的眼霜了。”Lynn指了指桌上的大堆美容杂志，“眼霜该怎么选，其实也有很多花头在里面。”

“可是很多人都说，超过25岁才应该用眼霜啊？”Iris仗着自己最年轻小声说，立刻换来另外三个女人的白眼。

“你这种观点就是大错特错，等发现问题的时候，就自己哭去吧，没人救你。”Mavis忿忿地说。

“而且，眼霜跟平时的面霜一样，也是分早晚两个阶段的。”Saron补充道，“我很多朋友，就是觉得用了一款明星产品的眼霜，早晚一次就万无一失了，自己并不知道，其实有一顿的营养是白白流失了。”

“哎呀！我就是只用一款眼霜啊。”Mavis惊呼，“原来我一直在做无用功么。”

“并不是无用功，只是不能让眼霜发挥事半功倍的效果。”Lynn点点头。

选择独一无二的眼霜

大家都觉得，黑眼圈一旦形成很难去除，就算靠睡眠和规律的饮食生活把黑眼圈压制下去了，也许你一个不注意，或者一次熬夜加班，就让它“星星之火可以燎原”了。所以除了注意休息和用眼卫生，也要加强日常的保养。眼周的皮肤既然是脸上最细腻的那一部分，当然需要更加充分的保养，眼霜的选择很重要，那么如何分清早晚的眼霜效果呢？

一般来说呢，日间的眼霜特点，是要具有保湿和抗氧化功效的，它能够在日间赋予眼周肌肤所需要的紧致和滋润；而夜间的眼霜，需要具备滋养和修护的功效，在夜间睡眠的这段时间，充分发挥其促进细胞活跃再生的特性，给予眼周肌肤更多的保护。

眼霜属于眼部基础护理产品，含有天然的滋润成分及抗衰老成分，有很强的肌肤渗透力，可预防一般女性眼部肌肤会产生的皱纹、鱼尾纹、眼周肌肤干燥、眼袋及眼周肌肤浮肿的问题。因为眼周肌肤的敏感性，决定了眼霜的性质大多温和，没有任何强化学品添加剂。根据特有的功效，眼霜分为以下几种：

滋润眼霜

具有较强的保湿功效，尤其适合秋冬季节和长期在空调房内工作的OL使用。

抗老化眼霜

具有抗皱及防晒功效，适合春夏季和长期对着电脑屏幕工作的OL使用。

紧致眼霜

含有丰富的肌肤滋养成分，油性成分配比高于滋润眼霜，适合黑眼圈、皮肤衰老显著、极干性肤质的女性使用。

抗敏感眼霜

适合肌肤敏感性、问题肤质的女性使用，使用后让肌肤没有负担。

products

EAU THERMALE
Avène
Soin apaisant
contour des yeux
Yeux sensibles
Soothing
eye contour cream
For sensitive eyes
PARIS
NET WT.0.34 OZ
CLINIQUE
all about eyes serum
de-puffing eye massage
roll-on anti-poches yeux
BIOTHERM
YEUX
SINCE Kiehl's 1851
CRYSTE MARINE
Net Wt. 0.5 oz. - 14 g
ESTĒE LAUDER
Advanced Night Repair
Complexe réparateur
contour des yeux

Fat Granule

“可是，我总觉得用眼霜真的看不出有什么明显的效果？”Mavis叹口气，“不用它你觉得浑身不自在，可是用了，也说不出哪里有效啊。”

“不是有人这么说嘛，眼霜就像是给眼睛投了个保险，保平安！”Iris笑道，“你说它到底有什么效果，地球上没人知道。”

“不管是眼霜、平时的保养，都只是起到延缓衰老的作用，你要跟自然生理斗，怎么可能斗得过呢。”Lynn说。

“除非就是用一些非常手段了，可是，没必要啊。”Saron指的是现在外面流行的眼部拉皮、去眼袋等整容术。

“可是眼霜也会有问题啊，你看！”Iris指着自己眼角附近的一处，“三五不时的会长一两颗脂肪粒，脂肪粒还不像痘痘，只能等它自己褪掉。”

“说明你选择的眼霜有问题啊，太滋润了。”Mavis说。

“也不一定是眼霜的问题，”Saron解释，“前不久已经有报告说，脂肪粒其实跟眼霜关系不大，是肌肤本身的问题。”

眼霜太油会引起脂肪粒？

脂肪粒是长在皮肤上的白色小疙瘩，很小的一粒，看起来就像是一小颗白芝麻，一般生长在眼睛周围，于是大多数人就以为，脂肪粒都是因为眼霜太油太滋润才生成的。看到眼睛周围的皮肤生出这种白色颗粒，显而易见一定就是用的保养品太油腻造成的，因而怪罪于眼霜。各种美容杂志、美容院也都是这样告诉你。但是这个观念到底对吗？其实到现在为止，都是人云亦云，从来都没有一个美容医师站出来证实过此假设。

此前，欧洲有一些皮肤科医生发现，根据皮肤切片显示，脂肪粒的起因其实是皮肤上有微小伤口，而皮肤在得到眼霜的滋润修护过程中，生成了白色囊肿。所以脂肪粒常常就长在年轻女性的脸上，一旦长上了，大家就会说，你一定是用上了滋润性太强的眼霜。

想想是否用了会让眼睛周围干燥的产品，尤其是彩妆产品，或是过度地卸妆清洁，千万别再一味错怪你的眼霜，以免降低和眼霜之间的信任度了。

最后Saron来总结，“眼部问题主要还是靠保养，其实黑眼圈不光熬夜才会有，上班时间对着电脑屏幕也尤其伤眼睛，单纯以大量遮瑕膏或者粉底来遮盖治标不治本，厚厚一层粉还欲盖弥彰。黑眼圈还是需要长期作息时间稳定和保养得当来调理。”

“所以你基本是没治了。”Iris向Mavis补充。

“否！美丽才是女人的终生事业，看来我要调整一下日程，夜生活不宜过多，尤其不该牺牲睡眠质量影响美容大业。”Mavis信誓旦旦。

众人沉默。

猫科动物没有夜生活还能属猫科吗？我们拭目以待。

抵抗黑眼圈的食补疗程

维生素E和维生素A能对我们的眼球和眼肌有滋养作用，所以经常吃一些富含这两种维生素的食物，对消除黑眼圈也是有非常积极的作用。常见的食物有鸡蛋、芝麻、胡萝卜、枸杞、决明子、海带等。

Magic Food Therapy

Part Two ■ 真相奖最佳黄脸婆得主

Queen for Keep

oung

Iris中午出去吃饭回来后，一声不响地在旁边翻阅起各大美容杂志抗衰老专题，要知道此女仗着年纪小平日里都以“90后”自居，皮肤是再怎么折腾也没有问题，如今一反常态研究起抗衰老保养品，众人皆匪夷所思。

“受什么刺激了？中午看见比你年纪更小更年轻的女人了么？”Mavis第一个摒不牢。

“你是不是去逛专柜被人家BA‘羞辱’了？”Saron凑热闹。

“还是路遇少年儿童，被人叫阿姨啦？”Lynn也笑。

“……”Iris便秘状面向三人，“……都不是……中午我约了以前的同事吃饭了……”

“然后呢？”

Iris一脸欲言又止：“我的这个同事哦，想当年可是美女一个啊，脸蛋正身材好嫉妒死旁人，后来……后来就辞了工作结婚去了……”

三人一脸黑线继续听。

“年前听说她生好宝宝了，这两天msn碰到就约好一起吃个饭，今天我看到她，吓了一大跳，大老远的我都不敢认她啊……”

“唉，有什么好说的，黄脸婆了对吧。”Mavis叹气。

“是啊……身材倒是还好，听说是带孩子带瘦的，可是那个脸哦，简直不能和以前比啊，又憔悴又暗沉，女人到了这个年纪难道就避免不了这种‘天谴’吗？”Iris越说越悲愤，仿佛眼见几年后的自己就是今天见到的这副模样。

“不是也有半老徐娘风韵犹存的么？”Lynn说。

ti-wrinkle

真相奖最佳
黄脸婆得主

女人从什么时候开始变老?

怎么才算衰老?如果有一天被人说老了,你会惊慌失措还是坦然面对,来看看这套肌肤年龄的自检测试。

在与你认为情况相符的选项前打勾

- □ 脸色憔悴,黯黄,看起来没有精神。
- □ 颈部出现皱纹。
- □ 眼尾出现细小的鱼尾纹。
- □ 脸颊的肉横向生长,几乎看不到毛孔。
- □ 不知何时,脸上开始冒出小小的雀斑。
- □ 笑的时候,眼下有放射状的细纹产生。
- □ 鼻翼两侧的毛孔很粗糙。
- □ 洗完脸拍上化妆水后,水分立刻被吸干。
- □ 嘴角似乎有些下垂。
- □ 每次抹一些乳液,仍然感到不够滋润,肌肤干燥严重。
- □ T字区不再出油。
- □ 眼角有小皱纹。
- □ 眼下因为长年累月的浮肿,竟形成了眼袋。
- □ 每天都要使用乳液或乳霜。
- □ 经常蒸脸,做一些滋润、清洁的面膜。

Test

□ 不喜欢化妆，而且对皮肤的保养也不大热衷，基础清洁也是按部就班的做。

□ 找不到合适自己的洗面奶，洗完脸后皮肤仍然紧绷状态，不舒服。

□ 用手指轻拂眼下的皮肤，感觉不是很滑，有粗糙感。

□ 疲惫的时候，会出现一些小皱纹。

□ 打粉底时，一定要用液态的或膏状的，否则便不易上妆。

□ 摸摸脸上的肌肤，感觉非常柔软。

□ 颧骨附近有赘肉。

□ 鼻翼两侧的笑纹加深。

□ 将头发扎起会发现脸的轮廓棱角非常明显。

□ 脸上的毛孔，尤其是T区附近的毛孔越来越粗。

□ 嘴巴四周的皮肤非常干燥。

□ 虽不算胖，却一直有双下巴的困扰。

□ 天天洗脸，仍然觉得脸油腻腻的洗不干净。

Key

astraying young

你符合了1~3项

肌肤年龄未满20岁，你的肌肤非常健康，一年四季都处在最佳状态，即使偶尔出现一些小问题，也能迅速恢复。

建议：20岁的肌肤，角质层滋润呈理想状态，显得肌肤透明而饱满。平时保养，只需用一些无添加剂的化妆水补充肌肤水分，在眼部和嘴巴四周的肌肤以乳液按摩滋润即可。避免太阳直晒，避免熬夜，多吃水果，多喝水。

skin fin

melanin deposit

你符合了4~10项

肌肤年龄20~24岁之间，你的肌肤弹性还算不错，即使有时出现一些小问题，肌肤也有自动恢复的能力。

建议：此年龄段的肌肤还是比较容易保养的，但也到了需要细心呵护和滋润的时候了。要养成每天喝8杯水的好习惯，适时为肌肤补足水分，尽量少吃甜食，油炸、腌制食品，并且针对性地进行一些食补。

你符合了11~20项

肌肤年龄25~29岁之间，你的肌肤弹性已明显衰退，到了该严肃面对的时候了。

建议：除了采取日常的肌肤保养方法外，还应该加强肌肤的滋润和保湿度，选择对肌肤有效的乳液和精华。特别要注意晚间睡眠时期的肌肤保养，彻底地卸妆洁面后，先拍上高保湿效果的化妆水，配合使用乳液轻轻按摩滋润肌肤。此外，每周应该定期做一到两次保湿面膜，让肌肤长效保湿。

our skin

你符合了21~28项

肌肤年龄30岁以上，细小皱纹已爬上你的面颊，脸色也暗淡不已且经常干燥蜕皮，肌肤状态亮起红灯。

建议：你急需使用高营养成分的面膜精华敷脸，日常护肤也要选择带油性成分的滋润霜，夜间用乳液或滋润霜来强化保湿肌肤，再导入抗衰老精华素。最后，你还要注意饮食健康、加强锻炼，保持愉悦的心情。

8 advice

日常抗衰老的八大建议

自然衰老并不可怕，最可怕的是生活上的不良陋习加速衰老，那就没救了。

从生活饮食上就要注意改善肌肤素质，每天早晚，都要对着镜子检查肌肤的生长情况。

四女答题后各自叹息天妒红颜云云，似乎只有在自测“肌龄”后才会勉强正式面对年龄问题。

“其实，皱纹、松弛这些都能早先预防，可是不知什么时候开始，明明没有生病面色却开始变黄，摸上去就是涩涩的，哪怕喝再多水补再多眠还是改善不了。”Lynn若有所思。

“我之前看一个美容节目，里面说，20岁有20岁的保养方法，30岁有30岁的生活习惯，但是我们往往不知道是否到了需要改变习惯的时候。”Saron开始讲道理，大家正襟危坐，“归根到底讲，皮肤暗沉、脸色不好就是跟老化有关。”

！每天养成吃一粒多种维他命丸的好习惯，若感觉皮肤状况特别差，不妨每天再补充一粒30毫克的锌片，持续一两个月后，保证你的肌肤会有意想不到的变化。

！首先留意一下自己日常饮食摄入的种类是否多样化，如果食物太单一，身体就不能充分吸收多种维他命和矿物质，早前就有营养学家提出过，一个人每天必须摄入多达36种不同的食物才称得上是健康的饮食。尤其是一些含丰富维他命的蔬果，以及胶质类的滋养食品，更是女人美容的最佳补品。

！多喝水，女人离不开水，尤其是对于整日对着电脑屏幕的OL来说，水份的补充是保持好肌肤的最大条件。除了身体内每天摄入一定量的水之外，对外在的肌肤做好保湿工作也很重要，保湿面膜多多益善，最好把你的化妆水和面霜都换成保湿功效的吧。

！一定要注意了！多糖类碳水化合物对皮肤没有太多好处，一定要适量食用，如果想保持匀称的身材，此类食物也是大忌。

and soft everlasting

8 advice

！充足的睡眠是好皮肤的关键，睡眠对皮肤的新陈代谢至关重要。保证睡眠质量有两个好建议，一是在睡前喝一杯温牛奶，二是挑选一个舒适柔软的枕头。在临睡前听一段悠扬的音乐，也是保证更好的睡眠的方法。

！现代人压力太大，也是对皮肤造成影响的因素之一。可以用精油香薰的方法来减压，在下班后看一本好书，点上一支镇定情绪的香薰精油，调整好心态，或许会有意想不到的效果。

！营养医生都会建议，每天吃一颗新鲜的蒜头，脸上不会出现粉刺现象。蒜有解毒、促进新陈代谢的效果。如果天生不喜欢吃这类辛香料的话，可以将蒜头打成蒜泥，在炒菜的时候稍微加入一些，效果也不错。

！加班熬夜的话，一定要慎选提神的饮料和食物，选择有解压、提神、美容功效的花草茶，或者一些低浓度的绿茶，有抗老化的作用。千万远离咖啡、浓茶、可乐以及香烟。

"像我这样每天一杯蜂蜜柠檬，虽然是小细节但也不失为抗老化的方法。"Mavis举例。

"请大家一同大声朗诵让女人年轻10岁的15种食物，"Iris翻出食谱大全，"牛奶，花菜，香蕉，柳橙汁，蔬菜沙拉，花生酱，番薯，鲑鱼，谷物，瘦肉，酸奶，鸡蛋，蔬菜汤，番茄酱，豆制品。"

"这些大多数不是我们平时都会吃的吗？"Mavis指出，"所以说，什么都要吃，不挑食，均衡营养才是不尽早加入黄脸婆的王道。"

"那如果熬夜或未睡好早上起来脸色不好的话，该怎么办？"

"急救措施也是有的，就是在上妆前先把肤色调好。"

ctivate
Nourish

修正出好气色的基础底妆

你可以使用妆前乳来改变肌肤底色，得到最佳效果。

在隔离霜之后，粉底液打底之前加一道程序，选择一款好的妆前乳来修饰脸色，可以让妆效更好，保留时间更长，肤色也看起来更加自然。另外，妆前乳还有其他的用法。

如果想要妆容看起来透明干净，达到裸妆效果的话，可以在基本的保养步骤三部曲之后，薄薄地上一层妆前乳修正肤色，然后直接扑上蜜粉定妆，创造出清新自然的肤色，透明得看不出化过妆，最适合办公室OL低调又精致的妆容要求。另外，妆前乳也可以涂在T字部位增加脸部的立体感。如果家里粉底液的颜色不巧买深了一个色，没关系，你也可以用偏白色或绿色的妆前乳与深色的粉底均匀混合，调出适合自己肌肤的颜色。

妆前乳的常见颜色有蓝色、紫色、绿色、粉红、杏桃色、黄色，不同颜色的妆前乳具有不同的效果：

1 觉得肤色不均匀时可以使用肤色妆前乳来均匀肤色。

2 惨白无血色的肤色，用粉红或杏桃色增加脸色红润饱满度。

3 脸色暗淡泛黄时，蓝色或紫色可以使肌肤白皙透明。

4 黄色妆前乳具有遮盖黑眼圈、雀斑、痘印的功效。

5 发红的痘痘肌肤或鼻翼两侧，可用绿色妆前乳来淡化泛红的肤色。

Base Basics

Re-Nutriv
Radiance
Makeup
LANEÍGE
SNOW CRYSTAL
DUAL BASE
SPF22 PA+
30ml / 1.0 FL.OZ.

生理期肌肤保卫战

很多女人都会抱怨，生理期的肌肤状况问题太多，不知道怎么解决。首先，你要知道这段时间肌肤发生状况的原因，生理期间体内雌激素、孕激素分泌不足，此时的肌肤，就好像失去了身体天然的保护屏障一样，对外界的抵抗能力明显变差。生理期女性的体温普遍偏低，新陈代谢的能力减弱，很多女性都会有生理期严重便秘的经历，体内垃圾无法及时排除，积存在体内，肌肤自然就会变得黯沉、晦涩、失去光泽了。同时，脸颊两侧的肌肤也容易出现状况，而T字区相对又油腻，容易长痘。再加上血液的流失，来不及补充会让身体造成疲劳和虚弱，黑眼圈在这个时候，不跟你打招呼就上门了。

这期间的肌肤该怎么处理呢？美容专家认为，应该从减少肌肤刺激和降低营养两个方面着手，既然肌肤失去了天然保护盾，就要人为的保护肌肤免受伤害。

“其实我的皮肤现在还好，”Mavis说，“大多数时间它还是很听我的话的，比较麻烦的是每次生理期那段时间，感觉皮肤不听使唤。”

“对啊，我也是经常生理期前开始长痘。”Iris也有同感，懊恼地补充，“每次大学同学碰面遇到这段时间，就会被嘲笑说，你怎么还跟大学时一样。”

“嗯，我的问题是明显皮肤黯黄。”Saron说，“可能是雌激素的关系吧，这段时间的皮肤是最难伺候的。”

“我这个时候特别容易有黑眼圈，敷眼膜或者早点睡觉，都不起作用。”Lynn说，“不过我有次看美容论坛，大家都对这段时间的肌肤状况很不乐观，最后总算美容达人跳出来指点迷津了。”

“是吗？！怎么说呢？”旁边的三个女人睁大眼睛要Lynn快点说。

products

ESTĒE LAUDER
Hydra Complete
Multi-Level Moisture
Gel Mask
Masque gel
hydratation extrême
TĒE LAUDER
kling Clean
Foaming Gel Cleanser
gel mousse régulateur
AQUALABEL
MOISTURE EMULSION R

cleaning

BIOTHERM
SOURCE THÉRAPIE
masque tissu concentré thermal régénérant-hydratant
spa concentrate tissue mask regenerating-moisturizing
℮ 24g NET WT. 0.84 OZ.
spa concentrate tissue mask
regenerating-moisturizing
℮ 24g NET WT. 0.84 OZ.
BOBBI BROWN
Buffing Grains for Face
Poudre Exfoliante pour le Visage
Adzuki Bean Powder
Poudre D'haricots Adzuki

moisture

生理期日常护理

洁面在这段时间变得尤其重要。为了免于碱性洗面乳对皮肤的过度刺激，这段时间，放弃洁面皂、泡沫洁面这些平时去油比较厉害的产品，选择滋润型、补水充分的洗面奶。洗脸的时候，也不能用力去揉搓脸颊的肌肤，而应该把清洁的重点放在平时出油较多的T区，轻轻按摩后，用温水冲洗干净。

为了避免这段时期的水分摄入不足，将日用的面霜改成保湿效果的最为适合。每晚临睡前，可连续几天用保湿面膜敷脸，以预防干燥。这段时间的身体很容易疲劳，所以也要保证睡眠，平时只睡6~7个小时的人，最好把这段时间的睡眠保证到8个小时。也要注意御寒，有条件的话睡前洗一个热水澡，在温暖舒适的环境下入睡。

生理期化妆重点

因为失血而显得苍白、蜡黄的脸色，这段时间化妆的重点是让肌肤看起来红润，有生气。选择光感度好一点的粉底，让肌肤显得明亮有光泽，也可以用高光粉来增强脸色的饱满度。选择暖色调的腮红，可以让气色比较好看，这类腮红可以是粉红色、粉橘色、玫瑰红等，淡淡地有技巧地扫在两腮、额头和鼻子部位。

main points of make-u

“保持好的心态也很重要。”Lynn说，“女人应该让自己快乐一点。其实像你的朋友，终日操劳家里的大小事务，还有带小孩，还要为老公考虑每日三餐，真的比我们上班族还辛苦。”

“是啊，她自己也说，过了一段时间，等小孩可以上幼儿园了，自己也要重新上班。”Iris点头，“一直待在家里很闷，而且每天上班会让生活更充实。”

“谁说女人结了婚就一定会变成黄脸婆的？”Saron有点气鼓鼓地说，“你看我不就很好么，跑出去也从来不会被人说是已婚人士，有时去酒吧玩，照样有人搭讪呢。”

“是啊，有Saron的地方，我Mavis可是从来不敢强出头的，自动退到幕后。”Mavis嘻嘻笑着恭维虽然已婚但仍然保持魅力的Saron。

生理期饮食重点

其实当女人第一次生理期，家里的母亲都会告诉你一定要注意生理期的饮食，有很多女性不注意，吃苦的只会是自己。生理期一定要避免吃生冷、寒性以及咸辣等口味重的食物，要多喝温暖的热茶，尤其是一些促进血液循环的饮料，比如姜茶、红糖水等。吃一些补血的食物，比如红枣、莲子，可以熬成滋补的粥，每天吃一碗可以有效减轻生理期的身体不适。另外，这段时间体内的矿物质也会随着失血而大量流失，所以记得吃一些补充微量元素的维他命含片，这样有条理地内补和外养，好气色一定会马上回到你身边。

Part Three ■ 彻底击溃高原红

Fight for Allergic

to defeat utterl

彻底击溃高原红

最近Mavis发现自己的脸到了下午就会变得很红，尤其是脸颊两侧，好像青藏高原上日晒雨淋做农活的女人一样，Iris已经笑了她不知多少次了。起先，Mavis认为是空调间温度太高太热导致出现这样的问题，可是这两天观察下来，从室外进入室内空调间或者在情绪激动、兴奋的时候，脸也会一下子变得通红。有几次Mavis见客户的时候，中途发觉自己的脸突然就滚烫起来，想必两颊已经变得通红，一下子都不知道对着客户如何是好，不知道的还以为是公司派来了经验尚浅的实习生呢。

“是不是过敏啊？”Mavis烦恼地说。

“省得打腮红了，不是很好嘛。”Iris继续嘲笑她。

“不觉得很尴尬嘛，像晒伤一样。”

“你这个是红血丝吧，皮肤太薄才会出现的。”Lynn说，“最近去角质去得太厉害了吧？”

“红血丝？”Saron奇怪地问，“以前从来没见她有过呀？不是说红血丝都是天生的么？”

红血丝肌肤提前知

红血丝也不是说来就来的，平日的保养细节你是否忽略了这些：

□ 气候交替、气温突变的时候，或者情绪波动大，刚吃过辛辣食物之后，脸部肌肤很容易就瞬间泛红。

□ 脸部肌肤，尤其是颧骨这个地方经常红彤彤，特别是在冬季，被寒风吹过的肌肤就像个“红苹果”，要等过了一段时间才能慢慢消退。

□ 皮肤白皙娇嫩，仔细看能够看到皮肤底下的毛细血管，很容易敏感；平时也会感到脸部发热发烫，两颊持续性泛红，而且会持续相当长的一段时间。

□ 鼻翼两端的红血丝清晰可见，有时候鼻子上也会发出些红点或者小脓包。

红血丝

一直以来，很多女性碰到脸颊敏感、泛红的情况就会自我安慰说：“红血丝都是天生的，生下来就是这样，什么都救不了。”从而放弃了治疗红血丝肌肤的最佳时间，再加上变本加厉错误的护肤习惯，让红血丝愈演愈烈。就算红血丝不是天生就有的，也会因为错误认识而让它根深蒂固了。其实，如果你在第一时间发现自己有红血丝现象，拿捏住肌肤对你发出的警告，马上采取行动，红血丝乃至肌肤敏感问题都能迎刃而解。

会出现脸部红血丝主要因为皮肤组织受损，皮肤角质层不能正常运行保护

reak

皮肤的功能，导致外界刺激直接侵袭皮肤内部，而内部的毛细血管抵抗刺激的功能太差，长期扩张形成血管僵硬化，血液出现淤塞堆积造成“堵车”现象。你想想，营养成分不能正常输送到脸部皮肤中，那皮肤功能当然会越来越差，又对外界敏感，从而出现血管长期扩张现象。

所以要治疗红血丝，首先必须修复已经受损的皮肤组织，恢复正常的角质层，这样才能逐渐恢复血管弹性，改善肌肤深层的血液循环，排除血液中的脏东西，从而将肌肤的整体调节正常，从根本上去除红血丝。

“这样说来，我记得Mavis你前阵子不是去过三亚晒太阳么？”Iris回想起来。

“是啊！一定是那时候晒伤的后遗症了。”Mavis懊悔道。

“你现在的皮肤太薄太敏感，我看首先需要换一瓶洁面乳了，你一定是控油控得太厉害把皮肤变薄了，再加上先前的晒伤，雪上加霜啊。”Saron提议。

“要换怎样的洁面乳？”

“敏感肌肤需要选择质地温和的洗面乳，最好是啫喱的，就更加细腻。”Lynn说，“如果你的化妆水里含有酒精成分的话，最好也不要再用了，赶快换掉吧。”

一席话说得Mavis皱紧眉头，不用多说，肯定是都被Saron和Lynn料到了。

Alcohol-free

换一下你的护肤品吧！

红血丝皮肤属于敏感肌肤这一类，要调整选择用一些柔和、对肌肤无刺激的护肤品，在选择护肤品的时候可以测试一下是否会引起皮肤过敏：把适量护肤品涂在耳后，耳后皮肤一般没有过多地接触到护肤品，对护肤品比较敏感，一个小时后可以看一下结果，如果在耳后不会过敏，则可以取适量产品在红血丝部位试验，如发现过敏或不适，只有再作它选。

另外千万要记得，绝对不可使用含有激素成分的产品。我们在护肤的时候都会有这样的经历，当你选择某一样产品，使用它的时候，皮肤效果特别好；但是当你停用它后，发现皮肤又回到以前的状态，这类产品就是所谓的激素类护肤品。经常使用它们，皮肤会形成依赖，长期使用的话也会形成红血丝肌肤。也不要把红血丝这类过敏归到一般药理的皮肤过敏类，然后使用皮炎平等抗真菌的过敏药品，这类药品会让毛细血管扩张，让红血丝情况加重。

"可以选一些精油成分的化妆水，像金盏花、茶树精油等，都具有抗敏感和镇静的作用。"Lynn建议，"你可以在公司里备一个小瓶精油喷雾，下次皮肤潮红的时候及时镇静比较好。"

"还有防晒霜的系数也不能太高，SPF15就可以了，再高就对皮肤造成负担了。"

防晒很关键

坚持使用防晒霜也是扫除红血丝的方法之一，因为脸部温度升高，带动毛细血管的温度升高会导致红血丝加重，所以时刻不能忽略了防晒的重要性。选择一款使用起来温和、无负担，带有一定防晒系数的防晒霜，最好是更加清透的水状质地，保护肌肤免受紫外线的刺激。

正确使用防晒产品，避免引起不必要的过敏：

□ 由上而下的涂抹方式，由于防晒产品不属于要被皮肤吸收的富含营养的产品，因此，正确的涂抹方式应是由上而下覆盖在皮肤的表面，以尽可能地不被皮肤所吸收。

□ 使用防晒产品之前，建议使用滋润型乳液，以起到良好的隔离作用。晚上卸妆的时候，一定要用洗面乳或沐浴乳彻底清洁，防晒霜不留在皮肤过夜，消除被吸收的不良隐患。

skin all cal

随时让肌肤保持冷静

当肌肤开始出现泛红、发烫、干涩这些问题时，要记得随时用矿泉喷雾舒缓镇定你的肌肤，矿泉质地的喷雾一般都取料天然，没有添加剂成分，对于红血丝肌肤不会造成负担。喷完后，待喷雾在脸上逗留30秒后，取纸巾轻轻按压肌肤，拭干水分即可。记得千万不要让水珠持久停留在肌肤上，因为这样反而带走了肌肤内部的水分。

金盏花精油

金盏花是花草精油中抗敏感的大功臣，金盏花精油是一种高效全能的抗过敏物质，它温和的植物成分可以帮助皮肤改善湿疹、痘痘、疱疹、干癣等状况，更是敏感的救星！金盏花可以平复受到损害的微细血管，增进肌肤弹性，对干燥、易痒的皮肤是最佳的治愈产品。

使用方法：取两三滴精油于手心搓揉加温，力量适中，做环状或由下往上的方向按摩受损肌肤。

“多做一些镇静面膜，选择含有甘草、芦荟、绿茶等不刺激皮肤的成分的产品。不要再用刺激性的护肤品，尤其是功效型的比如美白、祛痘等等，都可能会让红血丝更加严重。”

“你之前多少天去一次角质？”

“隔两天一次。”

“那我觉得改成一个礼拜一次比较好，很有可能就是你频繁去角质造成的问题。”Lynn说。

“我这里有一个舒缓皮肤的自制面膜，蛮有效的，我是用来去痘的，但是我觉得抗过敏也会有效，你要不要试试看？”Iris献宝似地说。

Iris的DIY面膜教程

绿豆抗过敏面膜

事前准备：取500克绿豆，加水煮，煮沸后用小火一直煮到绿豆皮全部浮起来为止，将所有的绿豆皮捞出晾干，干透后碾成粉末状，装入密封容器中待用。

用纯净水加绿豆皮粉调成泥状，涂于面部过敏处，次日清晨洗去，坚持一个月，不仅可以有效改善敏感状况，而且对于色斑、痘印均有不可思议的疗效。绿豆清热解毒的效果不用多说，此方法可以有效地改善皮肤因毒素沉着造成的各种问题。

"Mavis你近段时间就老老实实护理皮肤，不要再跟风去买那些高机能的保养品了，对你刺激太大，还能省钱呢。"

"不要以为冬天会脸红全是冷风惹的祸，长期使用刺激性化妆品也是造成红血丝的原因之一。你也可以检测一下自己有没有长期使用某样保养品，如果依赖感很强，就说明是它在作祟了。"

"脸颊潮红在中医学上看，也有可能是内热。"

"这么说来我那个绿豆面膜很不错，用不完可以多煮点绿豆汤清热解毒。"

"食疗一定会有用的。"

对抗红血丝 八步骤

1 增强皮肤锻炼，经常用冷水洗脸，增加皮肤的耐受力。

2 尽量不使用含重金属的化妆品，避免色素沉积，毒素残留表皮。

3 尽量不做一些激光美容项目，不破坏皮肤角质层。

4 局部皮肤过敏尽量少用皮质类固醇激素药膏。

5 平常多开窗通风使空气流通，减少皮肤闷热刺激。

6 经常按摩面部，促进血液流动，这有助于增强毛细血管壁弹性。

7 日常护理注意给皮肤补水滋润，防止皮肤干燥脱皮。

8 饮食忌辛辣刺激、烟酒等。

Tips

在饮食方面，容易脸红的人，就应该少吃那些会扩张血管的食物，像咖啡、茶、可乐……此类含咖啡因的食物，还有烟酒、辛辣和刺激的东西最好碰也不要碰。

cosmetics

不要抗拒彩妆

很多人都觉得既然皮肤都这么敏感了，是不是就不要再化妆了，这样就不会给肌肤造成更大的刺激。可是上班的女性需要给别人一个整洁、清爽的形象，一直顶着一张红通通的脸，也不是长久之计啊。有美容科医生就指出，其实只要选择具有专业保证的、针对敏感肌肤设计的彩妆产品，就不怕肌肤额外再受到刺激了。现在市面上已经有很多天然矿物质成分的彩妆产品可供你选择。

“有个问题还是比较关键，”Mavis若有所思，“照你们这样讲，我的皮肤现在过敏了，那是不是也不适宜化妆呢？”

“按照道理讲，过敏皮肤是不要多上妆的吧。”Iris说，“已经敏感了，还要上好几层的底霜、腮红、散粉什么的，会加重皮肤负担吧。”

“但是，你看这样红通通的，不化妆，我还出得了门吗？”Mavis苦恼得想要满地打滚了，“我还要不要见人呀？干脆我请长假算了！”顺势还偷瞄Lynn。

“不要这么大惊小怪好吧。”Saron说，“谁说不能化妆了？”

建议选择带有防晒和粉底效果的隔离霜，首先对肌肤采取有效隔离，这类隔离霜能有效隔离彩妆粉末、空气中的微尘，以及防不胜防的紫外线。很多人都忽略了隔离霜的涂抹方式，隔离霜应该由上往下涂抹，不要像面霜那样逆向涂抹，这是至关重要的一点。日常的面霜我们采取逆向毛孔的方式涂抹，是为了让细胞更好更快地吸收营养，而隔离霜中是没有营养成分的，如果也按照面霜的涂法，毛孔会因为吸入太多隔离霜而不透气，堵塞毛孔，影响了细胞正常的呼吸，时间长了还会有色素沉淀等问题。

选择的彩妆产品，也以矿物质地、天然草本质地为宜，画个淡妆，尽量少一层一层地往脸上铺粉，让妆容看起来干净清透就可以了。

最后，在没有必要化妆的时候，尽快卸妆洁面，让肌肤在没有负担的情况下好好调理呼吸，可以使用刚才说的金盏花成分的花水，给肌肤过敏增加一道有利防线。

products

“一直看到报道说用激光可以完全治疗红血丝，是不是真的有效果呢？”Mavis不死心地问。

“这种广告你也相信啊？”Iris不置可否。

“如果激光真的能够彻底消除红血丝，我想就不会有这么多女人对红血丝这么害怕了吧。”

“要不然你就去试试看吧。”Saron笑笑说，“可能也会有效果，等你尝试了，再来告诉我们好了。”

Part Four ■ 肌肤患上忧郁症

Skin Depression

CLEANSING
series
Marine Salt
DOETORLI
TEA TREE OIL
NATURAL
REVITALIZING
SLEEPING MASK

to tire

肌肤患上抑郁症

Lynn觉得最近皮肤状况有点问题，脸色暗沉，没有以前红润了，最近加急做了几次保湿、祛黄气的面膜，发现还是没什么见效。她还特别注意了下最近的身体状况，似乎也没什么不舒服。Lynn觉得有点奇怪，自己也没换什么新的保养品啊，怎么皮肤一下子就好像消极怠工一样了呢？正纳闷着，看到一边的Saron正捧着一本保养品Catelog翻看，凑近一看是最近刚进驻国内设了专柜的牌子，出租车上、电视里频频做广告，想不知道也难，Lynn自己也关注过一阵子，不过觉得保养品大多千篇一律，自己的那一套也还觉得不错，最后也就收住了想败回家试一下的打算。

“你想买这个吗？”Lynn见Saron看得有滋有味，凑过去问她。

“恩，早上经过专柜拿的，觉得还不错就研究一下。反正我自己那套保养品也快要换了，不如研究下新产品。”Saron点点头。

“你自己那套不是用得挺好的嘛，为什么要换啊？”

“时间久了啊！消极怠工！”Saron恨恨地咬牙，“你说一款保养品的时效性怎么就这么低呢？”

“消极怠工啊？”Lynn想了想，不是和最近她的状况一样嘛，“不是说，应该认准一个牌子的保养品用，才会有效吗？”保养品专家们都是这样说的。

“恩，你说得没错啊，刚开始用一款保养品的时候，基本上都会被告诫说要用全套产品，而且要盯着这个牌子用才会有效。”Saron回想当初在专柜买保养品时的经验，“不过，时间久了皮肤太适应了，我觉得就没有用了啊！”

“就像身体会出现抗药性一样，皮肤也会呀。”Maivs在旁边凑过来说，“而且我们每天要在脸上涂多少层的粉啊，长期下来也不知道皮肤能不能吃得下这些营养？”

“就是很多人说的皮肤营养饱和吗？”Iris也加入话题。

“但是女人到了一定年龄，不做保养可能吗？”Lynn听了Mavis的话开始犯愁，“一天从洁面、水、面霜、精华、隔离、粉底、遮瑕、散粉……不说彩妆就说那些基础保养跟底妆程序吧，你敢省掉其中的一个环节么？那不是找死吗……”

“可皮肤既然出现了倦怠，你就要控制一下摄入营养的量啦！”Saron说，“不保养当然不行，但可以适当减量啊，保持身材的时候大家都知道少吃东西，怎么对待自己的皮肤就舍得‘拔苗助长’呢？”

skin problem

皮肤也会患上抑郁症

很多人都会有这样的苦恼，当皮肤长期使用一种护肤品之后，某日你会注意到皮肤的吸收功能似乎迟钝了，不知道是对自己经常用的那款保养品“审美疲劳”了呢，还是“始乱终弃”了，竟然完全没有反应，就像患上抑郁症一样，你看着它不吃不喝的，只能干着急。这还不是最糟糕的，你会发现再过一阵子，皮肤状况比没用保养品的时候还要差了，这算怎么回事？告诉你，这是遇到了传说中的“美容瓶颈”。

其实大家的皮肤都不缺少保养，各种各样化妆品品牌推出的水、乳液、面霜、精华、面膜，鼓吹它们的各种完美功效，一次一次激励你在自己的皮肤上抹上一层又一层的营养，有时候你都不知道哪些才是真正有用的。怪不得男人们会说女人个个都是“诺贝尔”，这么多瓶瓶罐罐生物科技的东西都往自己脸上倒，你们就不怕哪一天起了反应爆炸么！

久而久之问题自然而然出现了——过度保养！营养过剩的问题一旦延伸到皮肤问题，大家一片哗然声称：“去美容院都被告知用高效的护肤品越多越好。”但是事实是什么，业界专业医生曾说过：“事实上，美容院内灌输的高科技、高功效护肤品是最容易引起皮肤过度保养的。”原来多年来一直被商家骗，甚至还会因为营养过剩出现以前没有出现过的皮肤问题，比如蜕皮、敏感、皮肤变薄、红血丝明显等等。

s k i n c

皮肤瓶颈期小测试

如果你正处于下面任何一种情况中，停下现在的保养习惯，让肌肤缓一缓吧。

□ 坚持保湿，肌肤仍然干。

□ 坚持美白，完全没效果。

□ 坚持祛斑，斑点只多不少。

□ 坚持抗衰老，皱纹有增无减。

□ 坚持擦眼霜，黑眼圈问题仍然解决不了。

□ 坚持防晒，皮肤照样黑。

to be beauty

“我有一个判定是否到了瓶颈期的方法！”Iris说，“是在一本杂志上看到的，上面说，如果你明明不在生理期，却发现皮肤长痘或者长了脂肪粒，那么就是面霜类产品使用得太多了，补过量了。”

“这个……”Mavis抓狂，“我觉得我一直会冒出几粒脂肪粒，别人都跟我说不要紧，加强保湿就可以。”

“没错，加强保湿的同时，也要减面霜的量！”Iris肯定地回答，“还有一个比较可怕的表现，如果发现色斑突然增多，可能不是生理自然衰老哦，说不定是用了过量美白精华或者祛斑霜。”

“你是说，本身没有雀斑的，用了这些祛斑产品倒会生出雀斑？”Saron大惊。

“没错，所以如果没有雀斑，根本不要用祛斑的面霜，选了不适用的产品比不用坏处还多。”

众人沉默，估计是都在心里默数家里面有多少“防范于未然”的瓶瓶罐罐。

“还有还有，如果皮肤出现刺痛感，那么想想是不是高清洁度的面膜或者磨砂去得太多了，尤其是中性肌肤，”Iris转头看看四人里唯一中性皮肤的Lynn，“是不是果酸或者酵素类的产品用多了。”Lynn给了她一个完全没有的表情。

“最后一个是要告诫Mavis，你之前不说有泛红的红血丝现象嘛，上次已经说了是过度保养破坏了角质层，到了换季的时间就会表现出来了。”

“这不是过敏吗？也算是保养过度吗？”Mavis不耻下问。

“当然！”

“这样看来，很多问题的主因就是保养过度了！”Saron恍然大悟。

四人均点头称是。

for healthy skin

NO!

强迫症也会影响护肤观念

大家可以检查一下自己每个礼拜都要用的保养品，把每个牌子和种类都分别写下来，也许平时没怎么注意，真的统计了写下来以后才会大吃一惊，我们平时竟然可以用到这么多的牌子和品种！试想一下，这些东西变成食物你能吃得下吗？所有女人的护肤习惯大多都有点强迫症，总觉得漏下一样不做，或者今天少了点时间，明天照镜子看到的就是张“鬼脸”一般。只要听说是好的，只要保证对皮肤没有伤害的，就全部收入囊中每天使用。可是你有没有想过，一种产品对皮肤没有伤害，几种甚至动辄到十几种产品每天统统一起用，到底有没有伤害？首先你要知道，太多种类的护肤品合在一起对肌肤会造成紊乱，就好像电脑一样，你一下子让它运行十几种程序，你看它会不会系统崩溃！

其次，你是否考虑过，每天用在保养上的时间是不是太长了？很多人都认为每天早上和临睡前这十几分钟的保养时间完全不够，敷面膜的时候也会尽量拖延时间，营养停留在皮肤上的时间最好多多益善。其实，每种护肤品或多或少都会有一些反效果，谁让我们的科技水平这么发达，不管是吃的还是用在脸上的东西都要含点化学成分才叫高科技呢。所以做保养的时间太长也是过度保养的隐患之一，面膜的时候不能超过20分钟，而一般基础保养的时间整个程序下来10分钟就够了。赶紧的，让皮肤减一下压吧！

“强迫症这个……”Iris咋舌，“好像大家都有。”

“护个肤，难道还得看心理医生！”Mavis笑道，“我觉得或多或少，还是一直以来那些品牌、挂牌医生给我们灌输的观念就是那样的！”

“对啊，总是讲抗衰老刻不容缓，保养不能懒惰，于是出现了一批永远站在美容第一战线的‘先锋’……”

“是冤大头吧！”Saron翻翻白眼。

你的皮肤是怎么被落井下石的?

没有正确的护肤观念，很多人都不由自主依赖于护肤品牌宣传的保养习惯，跌入过度保养的陷阱中，你现在还在为“美容产业基金会”做贡献么？看看哪些对你来说已经是根深蒂固的观念害了你吧！

wrong

mistake

生理期加大剂量的保养

生理期肌肤会比平时黯淡，这些大家都有共识，所以很多商家都说，这段时间一定要“更加呵护肌肤”，美其名曰“高质量护肤”，说穿了就是加大保养品的剂量。可是，又不是吊个人参续命，需要这样无节制的保养么？已经有专业的护肤专家出来辟谣说，“其实生理期间的护肤只要按平时的来就好了，保持肌肤洁净，简单的滋润度就好”。这段时间因为生理关系肌肤会自动产生倦怠，你强制让它吸收不需要的营养，它可能不反抗么？所以生理期请你为肌肤好好着想，适当减负，不要让已经很累的肌肤更疲惫了。

skin c

对问题皮肤大惊小怪

肌肤有时候会出现一些小问题，比如痘痘、浮肿、泛红等等，这个就跟我们的心情一样，喜怒哀乐时时有，其实这个时候你稍微放任一下它，做好基本的清洁滋润就可以了，过几天会发现皮肤自动就复原了，因为它本身就有恢复治愈功能。但很多人看到皮肤出现这种情况，就大惊失色了，往往大动干戈，急切地就以自己的见解用一些高机能性的产品来强力逆转皮肤症状，这种情况往往弄巧成拙，就算这次被你止下去了，下一次、再下一次你保证都会有用吗？

healthy skin

nature life nature life

特别关照Loli肌肤

曾经对20岁出头的女生所用的护肤品做过调查，调查结果颇为惊人，年纪轻轻的肌肤竟然已经开始用高保湿、高抗衰老机能的产品。大家对美过于追求，甚至有些人对化妆品期待过高恨不得擦好脸后，立即出现整容后效果。电视广告上面看到的模特们大多天生丽质，皮肤嫩得仿佛滴得出水来，于是很多年轻又对美容零概念的小Loli们开始跟风长草，明明本来的肌肤就很嫩滑，偏偏还要花上冤枉钱用那些给成熟肌肤用的产品，导致的结果可想而知。

“精华”成习惯有害无益

什么叫“精华”？现在就打开汉语词典查一下“精华”的含义，“精华”指事物精粹最优秀的部分，“精华”的东西当然要珍惜着用。放到护肤品中来说，精华素、精华液等等以精华为名的产品，都是高效的、浓缩型的产品的代名词，说穿了，“精华”这个词更加好听。精华不是我们日常使用的日霜夜霜，所以如果你也是每天按时按量的用那就大错特错了。就好像天天吃燕窝也不一定天天能够吸收，很多时候，精华更适用于出现疲惫、或者问题的肌肤，如果把精华当成习惯皮肤也是会抗议的。建议，隔天使用精华，这是最能够保证皮肤会吸收的时间间隔，如果皮肤状况不好的话就晚上临睡前用一下吧，千万不要顿顿用。前提是要保证你买的是真正有用的精华哦。

这是刚开始对护肤品感兴趣的人会犯的错误，两耳不闻窗外季节，又不管不顾自己的皮肤性质，听到人家说好的就买来用。殊不知，人家的肌肤状态跟你根本不一样，也许你是混合型，人家是干性；也许人家说的是夏天适用，你偏偏到了冬天再买了来用。还有一种常见的状况，很多人比较节俭，换季了却舍不得换掉过季了的保养品，明明已经知道保养品也要换季的概念，可是觉得问题不会很大。真是奇怪，换季的时候只知道给自己增减衣服，偏偏不知道给肌肤增减“保护衣裳”，这样的情况肌肤会给你好脸色看吗？

“对于超龄护肤这个问题我觉得大家都会有！”Lynn说，“所以还是应该按照皮肤正常的生长情况给予适当养料就可以。”

“你看这里皮肤科医师提供的资料，”资料控Iris继续照本宣科地念，“20岁以前的人应该注意油脂分泌问题，做一些基础的清洁保养，不需要怎么用护肤品。”

“这个说的应该就是青春期痘痘问题。”Mavis点头，“我年轻那会儿，确实也就只有这种护理方式，想买其他的保养品都没钱！”

“而25到35岁之间的人，”Iris继续念，正色道，“不要打岔，这个说的就是我们！”

“预防衰老是关键问题！”Lynn在旁边跟着看，“也就是说这个时候会开始有细纹啊、缺水啊这种现象了，皮肤抗氧化能力也开始下降，所以要做的是预防！注意是预防，不是补救！”

“到了40岁左右才适合用高机能的产品来对抗皱纹，”Saron说，“就是广告中一直说的恢复细胞类似字眼的词。那是40岁的专利！”

NO!

美容院依赖症

只知道女人在恋爱的时候会产生依赖症，殊不知现在大家对跑美容院也会上瘾，一时半会儿的还戒不掉。甚至有很多起初对护肤保养毫无观念的人，美容院竟然成了她们的“第一课堂”！好吧，如果是信誉比较高的知名品牌的美容院也许还好，如果你去的是牟取暴利的美容院，那真是被卖了都不知道。据说，“美容院毒瘾”发作的时候，三天两头就想往美容院跑，除了定期的规定行程之外，还天天在家里用美容院里买的五六种产品。结果可想而知，你的皮肤跟你一样被喂上“毒瘾”，以后更是脱离不了美容院了，一离开皮肤就会出现问题。经常去美容院做脸的人会出现的问题之一，就是开头不管是什么皮肤到最后都会变成敏感性肌肤，皮肤角质严重变薄。所以奉劝你一句，适可而止。

nature life

皮肤表示“鸭梨”很大

都说心情会影响到皮肤，这个是已经被大家肯定的事实了。心情起伏太大直接会影响到女性内分泌，给皮肤增加压力，皮肤受不了需要释放，也就会出现各种各样的问题，所以心情不好的时候，皮肤也不会好到哪里去。这样想来皮肤压力还真的挺大的，内在外在数不清的担子都压在它身上。这时候的皮肤怎么护理呢？因为不是护肤品的关系，所以建议先从调整心情这一环来开始吧，俗话说“心病终要心药医”，给自己营造一个轻松的环境，比如可以考虑泡个澡，做个精油香薰SPA舒缓一下心情，护肤的程序可以相对简单一点，不要过于复杂。现代人生活忙碌，很多人身体都处于亚健康状态，不如给自己的身体和皮肤都放一个大假，约三五好友吃吃饭逛逛街，好心情一来，皮肤状态自然就会有起色。

healthy skin

Solus Por Aqua

护肤品产生惰性怎么办?

当找到一款对皮肤很有效果的护肤品时，仅仅使用了几次就让原本了无生气的皮肤起死回生，大多数人一定觉得认准了“就是它了”、“这就是一生的选择了”。可是好景不长，发现这个产品没这么“殷勤”了，效果开始减退，甚至要起大牌，让你的皮肤突然来点脸色摆摆谱，有时候是蜕皮，有时候还来点过敏症状。其实这时候，不一定是护肤品的关系，而是皮肤与护肤品之间渐渐脱节了，因为皮肤是在变化的，随着时间推移它会有新的问题出现，很有可能正在用的护肤品跟不上皮肤变化的趋势了，于是，排斥出现。在这种时候，最好的建议就是要更换一下护肤品了，针对皮肤现在有的问题，选择针对这一效果的产品。但是也要注意，在更换产品的时候，不要大规模的全部换掉旧的，全部用新的，而是应该一件一件单品的换，这样，哪一样东西会对皮肤有过敏现象，就很容易能分辨出来了。适当的时候，也要给皮肤放个假，如果一天到晚脸上都涂满护肤品、化妆品的话，不妨周末在家的时候，洁面后不用任何产品，远离化学品营养，让你的皮肤和护肤品来个“小别胜新欢”，找到宛如新生的肌肤和谐感。

to be
beaut

“上帝给了女性一张脸，女人又给自己打造了一张脸。”Mavis突然背起莎士比亚《哈姆雷特》里的经典名句，四人听了都捧腹大笑。

“说明自古以来女人的追求都是一致的。”Lynn说。

“怎么可能只满足于天生的那张脸呢，那就不是一个真正的女人啦。”

Part Five ■ 24 HOURS 防晒备忘

Sun Protection

te

UV

最近的Saron比较愁，愁什么呢？

眼看酷暑一天天逼近，她本身是最怕热的体质，冬天都穿得少，到了夏天更是直接吊带热裤上阵，但是最近发现，皮肤一晒就红，一红就黑。以前没有这么容易晒黑的呀。Saron为了漂亮，即使天气再热，出门也是长裤、长袖的裹上身，防晒霜涂了一层又一层，太阳眼镜、遮阳帽、遮阳伞，齐上阵。走路路线呈不规则S型，只为了能在树荫下避一避“风头”，挡一挡毒太阳的“煞”。可是即使如此吧，紫外线仍然无孔不入的层层逼近。

“我要疯了。”有天Saron进公司，看着刚被太阳晒得通红的手臂，不禁有点崩溃。

“晒死了晒死了。”跟着Saron脚后跟跑进办公室的，是一脸汗的小Iris。

“乖乖，外面下雨了吗？”Mavis看着她的脸咋舌，“出汗出成这样，防晒都没用。”

protection

24 HOURS
防晒备忘录

to be beauty

被妖魔化的紫外线

其实防晒的概念现在的女孩子已经很熟悉了，比如买防晒霜的时候要看SPF和PA，SPF值越大说明防晒时间越长，PA值越大则是说明防晒强度越高。那么知道这点就够了吗？每天嚷嚷着防晒防晒，你知道你防的到底是哪门子的晒呢？有人说，当然知道了，防的就是紫外线。那好，那为什么在室内也要注意防晒呢？晚上在游泳池游泳，也被告知要涂防晒霜呢？

大家口中说的紫外线，可细分为三种：UVA、UVB、UVC。UVC很弱，在进入大气层的时候就被臭氧层隔离了，所以我们根本不用理它。UVB属于中波长辐射，又称“户外紫外线”，就是我们一般在太阳下觉得好晒好晒的那种感受。UVB会对皮肤造成伤害，暴晒下皮肤晒伤，会出现泛红、蜕皮等情况，但因为波长较短，适当遮掩就可避免它的伤害。什么叫适当遮掩？就是撑伞，披件外套等等，皮肤只要不暴露在外，就能阻止住UVB，这样还算简单吧。头疼的来了，波长较长的UVA，这个家伙又叫“室内紫外线”，听名字就可怕了吧，你不晒太阳，照样会被它伤害到。UVA会穿透真皮层，是皮肤晒黑的罪魁祸首，并且不仅如此，它还会破坏皮肤的胶原蛋白组织和肌肤弹力纤维，导致皮肤提前老化，甚至伤害到皮肤细胞形成色素沉淀导致皮肤癌，UVA就像是病毒一样侵入体内。所以现在知道了吧，你要防的到底是什么，真正的凶手是UVA才对。

现在我们回到最初的问题，在防晒产品上大多人都熟知的SPF值，防的是什么？不要给个紫外线这样笼统的答案。告诉你，只是UVB，SPF是防止UVB的标示，代表涂上防晒品后，你的肌肤可以抵抗被晒伤多久。举个例子，假设在太阳光下，原来肌肤会在15分钟左右开始晒红，那么抹上SPF15的防晒品后，就可以延长至15倍左右的时间。有人要问了，基数是多少，基数就是原来的15分钟，这个数值每个人都有不同的情况。也就是说，SPF只能保证你被UVB伤到的时间，但是不保证抵抗具有皮肤穿透力的UVA强度。一般我们日常用到的SPF系数，大约在12~20之间就已经足够了，超过20的话在亚洲就已经算是超高强度了，当然如果你喜欢到海边日光浴的话，建议系数可以再高一点。

那么太阳强度太大，SPF防不了UVA的话，谁来防呢？这个数值就是PA值了，PA后面的“+”即是它的强度系数。如果说SPF可以防1%的UVB紫外线，那么PA就能防93%的UVA。一般来说，一个“+”的有效防护时间大约在4小时，以此类推，如果你怕晒黑，就可以用强度最高的系数，现在市面上能看到的等级最高的，应该是“PA+++”。

for your skin

after sun

trentment

“我也晒黑了，”Mavis安慰Saron，“我每次出门之前都急匆匆地抹上防晒霜，可是没用啊，我也不喜欢撑伞，所以黑是自然的。”

“原来你不是故意晒黑的啊？”Iris笑的正是Mavis黑亮的皮肤。

“这就是退而求其次啊。”Mavis摊手。

“出门前才抹防晒吗？”Lynn留意到这一句，“那你是防不了太阳啊，防晒霜哪有那么快起作用呢。”

“要提前抹吗？”Saron问，“一般人都是临出门抹上的吧。”

“那是误区啊。”Lynn回答，“防晒品说穿了就是化学剂，当然要等它被皮肤吸收了才能发挥作用啊，你不会以为厚厚涂一层在表面就完事了吧，又不是面粉。”

“那要提前多久呢？”

“大约提前30分钟左右，这个时间段是最好的，并且量也要多，虽然说现在的紫外线应该一年四季都要防晒，但大家基本也就夏天用用吧，所以不要不舍得，狠狠地涂！”

“怎么样的量才叫做狠呢？”Saron问。

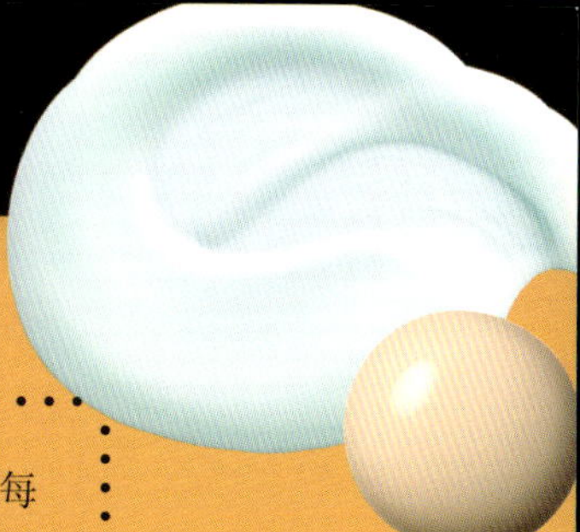

狠狠消灭你的防晒霜

这应该是大家比较容易忽视的问题，很多人说每天都防晒了，一天也补了好几回，但是仍然晒黑，为什么？有没有想过你的量用够了吗？这是厂商不会告诉你的事情。

防晒品每一次足够的使用量应该比你每次用乳液的量还要多得多。按比例来说，每cm^2的皮肤上起码要抹够2mg的防晒霜，这样才能发挥防晒的效果，值得注意的是，这2mg防晒霜只能在这一块皮肤面积内产生作用，超过的那些不归它管，除非你的脸就只有$1cm^2$。所以你知道了吧，起码要涂上比乳液多出3倍的防晒霜，才是正确的用量。大家平时只知道用粉底液的时候把皮肤都涂均匀了，因为你眼睛直观看得到，但是防晒霜却看不到，甚至有不少人还觉得防晒霜太油腻了，涂得薄一点才不堵塞毛孔，那样的话干脆就不要涂了吧。

附上各种SPF系数与实际防晒效果的对照表：

SPF	$2mg/cm^2$	$1.5mg/cm^2$	$1mg/cm^2$	$0.5mg/cm^2$
SPF 2	2	1.7	1.4	1.2
SPF 4	4	2.8	2.0	1.4
SPF 8	8	4.8	2.8	1.7
SPF 15	15	7.6	3.9	2
SPF 30	30	12.8	5.5	2.3
SPF 50	50	18.8	7.1	2.7

"但是我总觉得防晒霜好油腻，夏天又特别容易出油，一张脸简直油光可鉴。"Saron感叹，"感觉PA或者SPF的系数越高就越是油，所以我现在都是找低系数的来防晒，感觉会清透一点，但是防晒效果就没那么明显了。"

"其实不一定系数高的防晒霜都会油腻啊。现在的配方改良了很多，很多高系数的防晒品都还挺清透的，少了油腻感，感觉保湿效果还挺强，我建议你去看看水乳质地的防晒品，会比霜清透很多。"Iris贡献自己的心得，却又苦恼道，"但是对我来说，最大的问题就是流汗，一流汗，再强大的防晒也没用，全部像小溪流一样冲走了。"

"瀑布汗"怎么防晒?

这其实也是选择防晒品时候值得考虑的重点，有些女孩子天生比较容易出汗，说是瀑布汗也一点不夸张，这种情况下，就算防晒霜涂得再厚，选择的系数再高也没用，涂上的防晒霜很快就被汗水或者油脂分泌冲掉，一去不复返。所以在选择防晒霜的时候，一定要观察产品是否能防水，一般有防水效果的话，产品上都会做标示的，比如"waterproof"或者"water-resistant"，不要以为只有睫毛膏、眼线笔这种需要防水，防晒霜也很重要啊。如果没有标示怎么鉴别呢？很简单的，做个小实验吧。取一点防晒霜倒入清水中，搅拌一下看看防晒霜的情况，如果一下子就搅开了，跟清水融合在一起，那就是无法防水的防晒品了。

但是即使如此，不要以为一天涂一次防晒霜就可以高枕无忧。要知道，再优秀再昂贵的防晒品，都不可能保证一天的防晒质量。有人要提问了，刚才不是说了SPF是按时间倍数来计算的嘛，没错，但是你也要考虑下汗水会稀释脸上的防晒产品啊，尤其是对于经常瀑布汗的人来说，强烈建议每隔三、四个小时就补一下防晒，谨慎点总比晒黑好吧。

waterproof

freeplus
body protection
skincare
H2O+
Sea Results™
UV Plus
moisture fluid
SPF 30
(fluide hydratant optimal)
(fluido hidratante óptimo)
1.3 fl oz • 38 mL
EAU THERMALE
Avène
TRÈS HAUTE PROTECTION
VERY HIGH PROTECTION
Lait enfant – Lotion for children
50+ SPF
Broad UVB and UVA protection
PARIS
PEAU SENSIBLES DE L'ENFANT
SENSITIVE SKIN IN CHILDREN
HYPOALLERGENIQUE - NON COMEDOGENE
EAU THERMALE
Avène
HAUTE PROTECTION
HIGH PROTECTION
Spray
40 SPF
Broad UVB and UVA protection
PARIS
PEAUX SENSIBLES
SENSITIVE SKIN
HYPOALLERGENIQUE - NON COMEDOGENE

不同肌肤防晒品对号入座

干性肌肤

干性的特点就是干燥缺水，购买的时候要注意产品中是否含有补水功效的植物或矿物质成分，比如燕麦胚芽萃取物、大豆、大麦等，这类产品中添加的维生素C、E及β-胡萝卜素成分，可以有效舒缓皮肤的干燥。

油性肌肤

油性肌肤最担心的就是出油情况，也是大多数亚洲人会担心的问题，要注意选择质地清透的乳液状防晒品，并且还可以看一下，是否产品中含有油水分离配方或者脂溶性配方，这两类配方都适当地减少油脂，增加肌肤的透气度。

痘痘肌肤

长痘的女生最害怕的就是防晒产品堵塞毛孔，导致痘痘越演越烈了，注意看是否产品中有“Non-comedogenic”字样吧，意思就是不会造成粉刺，是厂家专门为痘痘肌肤准备的防晒品。

敏感肌肤

不论是防晒品、保养品还是彩妆品，敏感肌肤最需要注意的是什么？产品中千万不能有香料成分，现在已经有专为敏感肌肤出品的不含香料的防晒品了，能最大限度地让防晒霜在你的脸上安全使用。要注意“Hypoallergenic”字眼，是低敏感度的意思。

“那像我现在黑都黑成这样了，要怎么补救呢？”Saron拿着镜子愁眉苦脸，“过了夏天会再白回来么？”

“不可能吧，刚才都说了UVA一年四季永不消失啊。”

“以前还会觉得晒黑了不要紧，过了夏天马上就能白回来。”Saron说，“但是这两年越来越觉得，没那么容易白回来了。”

“因为年纪大了，肌肤开始走下坡路了啊。”Mavis看到Saron不善的脸色，吐吐舌头，“真的是这样，皮肤失去了自动防御功能和回复功能，只能靠美白产品来恢复了。”

“还要多吃含维生素C的水果，对皮肤美白作用很大的，所谓内补效果大于外用嘛。”Lynn增加一点，“草莓、奇异果、番茄等等，还有在出门前不能吃光敏性的水果蔬菜，比如无花果、菠萝、芒果、柠檬、芹菜等。”

products

黄金时间抢救晒伤肌肤

像Saron所说，“晒都晒黑了”怎么办？只有在第一时间拯救肌肤了，如果等着它自动恢复的话，不知要等到猴年马月，说不定肌肤好不容易恢复变白了，夏天又到来了！所以，我们就要在晒后的黄金12小时内抢救受伤的肌肤。

补水至关重要。肌肤晒多了太阳，角质被水分蒸发，皮肤会变得干燥，晒后的肌肤呈现饥荒状态，想象一下黄土高原上的龟裂现象，恐怖吧，接下来就会出现皱纹了。所以补水是第一步，首先给肌肤解渴，除了给体内补充足够的水分外，还可以多做一些保湿面膜。

快速降温，镇静肌肤。肌肤温度都快抵得上酷暑温度了，当然要让它快点降温，用带有镇静和保湿效果的冰泉喷雾吧，喷在脸上迅速拍干水分，来降低晒伤后蜕皮和红斑过敏的现象。

黄瓜敷面。黄瓜水分丰富，并且含有美白效果的维生素C，对晒后的肌肤很有效果，是给皮肤补水和镇静恢复的大将。另外，也可以服用复合维生素片，增加体内维生素的摄入也是一个不错的办法，它能促进晒后皮肤修复，保护细胞组织，最主要的，能起到淡斑的作用。

“我的问题是，每天早上又是隔离，又是粉底的已经很麻烦了，现在还要加一个防晒，感觉出门像带了一个面具似的，笑起来感觉脸都是僵硬的。”Mavis诉苦。

“现在已经有带防晒系数的隔离霜了呀。”Iris拿出一本最新的时尚杂志，翻几页丢给Mavis，“这种隔离霜，解决了防晒和隔离不能兼容的情况，也有各种各样的色号可以选择。我觉得防晒系数够的话，不失为一种好的选择。”

“这倒是，一直坐在办公室里的话，确实不需要防晒系数太高。”Lynn点头，“主要能有效隔离室内辐射，就很不错了。”

防晒霜还是隔离霜？

大家都会问，防晒霜和隔离霜哪个先用，或者是不是只要用一个就够了呢？其实，防晒霜和隔离霜对皮肤的作用是差不多的，区别在于，隔离主要隔离彩妆和空气中的浮尘，会带有润色效果，SPF和PA系数小，是属于太阳光并不强大的时候用的保护皮肤的产品。而防晒霜则是针对伤害皮肤的紫外线，防护作用更强大一点，所以如果是在夏天，建议还是选择高一个等级的防晒比较妥当，毕竟润色的话用妆前乳和粉底液就能做到，尤其是你的隔离霜若根本没有SPF和PA指数，或只有其中一样的话，对防晒都是没有作用的。另外，最近市场上推出的很多名为带防晒指数的粉底液、粉饼，建议大家听听就算了，不会真的有这么强大的功效。

次日，仍然是早上上班时间。就看到Iris和Saron先后鱼贯而入，Iris没有叫热了，Saron好像也不再为皮肤晒红烦恼了，Mavis觉得奇怪，昨天刚讨论过，今天两人变化就这么大，也太立竿见影了吧，连忙凑上去看Iris的脸，“你今天用了什么防晒霜啊？效果这么好？还能抑汗？”

Saron和Iris得意地笑，Iris愤愤说：“防晒工程浩大，为了做好充足的准备工作，我和Saron今天都是打车过来的。”

Mavis无语。

perfect skin

leave the sun

Part Six ■ 精油控的私家教程

Essential Oil

essential

最近，Mavis发现Lynn似乎迷上了新鲜事物，只要一有空，就看到她打开的网页上都是一堆瓶瓶罐罐，似乎她还研究得不亦乐乎。Saron也说，最近在Lynn周围走动，总会混到淡淡的香味，一开始还以为是她最近换了新款的香水，几天下来发现不对啊，味道一直会有变化，但都是淡淡的芳香气味，让人闻着觉得还蛮舒服的。Iris在旁边一听八卦来了，自告奋勇跑去打探。

“香味？”Lynn奇怪道，“最近根本没用香水啊。”

“那是什么味道？”Iris嗅嗅鼻子，“你看，现在也有的。”

“呃？是不是精油的味道？”

“精油？你最近开始用精油了吗？”Saron一下兴趣大了，“前段时间我也听人一直讲精油护肤、芳香疗法什么的，还蛮感兴趣的。可是去网上一查就有点糊涂了，类别太多了，尤其是看到了有人说用精油会过敏，还有各种禁忌就放弃了，轻易不敢尝试啊。”

“我也一直听人说基础油、单方、复方什么的，”Mavis说，“去美容院做脸的时候，也会有很多精油按摩，我都不敢尝试，感觉有酒精成分的，总怕人家不够专业，把脸给毁了。”

“是啊！毕竟美容院不可能先测试你的过敏源啊？”众人点头。

“我最近就在研究这个呢。”Lynn说，“也是刚入门的阶段，感觉并没有网上讲的那么可怕，一些简单的配方用起来还挺安全的，最主要的是，一定要先搞清楚各种名称的用法。”

精油控的私家教程

纯精油的排列组合

精油的制成大家都比较熟悉，是精选植物的花、叶、茎或者果实，通过蒸馏、挤压等各种方法，提炼萃取的挥发性芳香剂。每一滴纯精油都是经过了重重繁琐的提炼过程，所以大家都会发现，市面上的纯精油价格，很小的一瓶却非常昂贵，是不无道理的。尤其是，精油还特别难保存，必须密封在瓶内，不能与空气接触，它的挥发性很强，一旦开始使用，就要短时间内快点用掉它。不论是提炼于哪种植物，精油自然的芳香都会透过气味传入脑内，刺激大脑分泌出两种有利的荷尔蒙，使大脑神经得到舒展，是能调节人心情和疲劳的良方。而且，不同的精油间可以相互组合，按照它们的各种特性，组合后的复方精油，除了继承两种精油原本的作用，还会生成更大的功效。

所以，认识精油很简单，但要用好它，只是理论知识远远不够。你想，个人的特性不同，各种精油的效用也不同，就好像排列组合一样，虽然有上千种精油的用法，但适合你的，就要靠自己来揣摩了。

bas

基础油、单方精油、复方精油又有什么区别呢?

其实很容易理解，基础油是由植物种子和果实中萃取的油脂，它是非挥发性的，纯精油因为其刺激性不能直接使用，就要靠基础油来稀释调和，而且基础油本身性质温和，可以单独使用，对皮肤有滋润作用。经常听到的基础油有：甜杏仁油、小麦胚芽油、荷荷芭油、葡萄籽油以及橄榄油。

单方精油呢，就是从一种植物中提取的精油，并且不是任何植物都可以提取出单方精油，必须是具有药疗作用的植物。单方精油一般具有很强的植物气味，并且继承了此植物的药疗特点。想想世上有这么多种植物，所以单方精油的种类很多，经常会使用到的有玫瑰、橙花、洋甘菊、天竺葵、薰衣草、依兰、葡萄柚、桔、柠檬、佛手柑、西柚、迷迭香、茶树、尤加利、薄荷等等。

复方精油其实刚才已经提到过，就是两种或两种以上的精油混合而成，复方精油一般在几种精油的混合作用下，发挥强大的效用。

oil

“我想大多数人不敢轻易尝试精油，就是因为怕过敏吧。”Saron说，“毕竟个人对植物的反应都不同，比如说今天你Iris用得好，不一定对Mavis就有用。”

“没错。”Lynn点头，“这个是精油美容师都会提醒大家的问题。”

“那要怎么鉴定呢？”

“这个就跟敏感肌肤选用化妆品一样了，也要让皮肤测试一下。”Lynn建议。

Test

精油防过敏测试

鉴于精油的刺激性，更要谨慎对待。在使用前建议每个人都要做下测试，即使不是敏感肌肤的人，也会因为体质和肤质问题，出现不同的反应。

测试方法如下：

STEP 1 把手臂清洗干净，注意清洗的时候不要使用含有香精成分的香皂或沐浴乳。

STEP 2 将测试的精油取一滴，滴于手肘关节的弯曲处，那里的皮肤比较细嫩，对精油会有最快的反应。

STEP 3 滴好精油后，手肘做弯曲、伸直的动作，大约重复三次。

STEP 4 过5分钟，查看一下手肘部位是否有不良现象，比如觉得刺痒，出现红疹等问题，则说明这款精油会引起你的肌肤过敏。发生这个状况，要马上用香皂或清水冲洗手肘位置，如果问题比较严重，建议用牛奶或橄榄油来擦拭，让皮肤最快时间得到舒缓。

比较常见的会引起过敏的精油类型：
肉桂叶、丁香、香茅、柠檬、甜橙、薄荷、黑胡椒。

100% Pure

“我要提问，”Mavis举手，“前两天我逛商场的时候，看到一个品牌的花水，声称是含精油配方的，可以直接用来敷脸，甚至可以拿来喝。我就不懂了，都说这种含精油的水都是有酒精成分的，用来喝？好像有点不可思议吧！”

“那你就是搞错了花水和纯露的关系了？”Lynn说，“这是两种概念，如果导购跟你说，这个水是可以用来喝的，应该称之为纯露。”

“有什么差别吗？”

“简单地说，纯露是不含酒精的，花水是含酒精的；纯露是提炼纯精油时候蒸馏出的水，是不添加任何添加剂的，也就是说，它是天然的，当然可以喝，就跟你喝花草茶一样，喝花草茶又没有危险。但是花水就另当别论。”

花水敷脸还是纯露敷脸?

花水是比纯露还要低一个档次的精油类产品，它是用精油和水以及其他香料混合兑成的水，也就是说，并不是纯天然的水，跟纯露是不能比的。但是很多商家都会说它也可以用来敷面，那到底会不会不安全呢？如果你的皮肤属于敏感性，对酒精过敏，就奉劝你舍弃花水了。更何况，花水的功效远没有纯露来得有用，一样要做保养，为何不选择安全系数高，又容易出效果的天然纯露来护理肌肤呢？

纯露是植物精油在蒸馏过程的油水分离这一环节所透析出的水分，因为油水的密度不同，精油漂浮在上面被提取后，剩下的水分就是纯露了，所以说，纯露也是100%的纯植物精华成分。纯露和精油的区别，就好比鸡精和味精那样。纯露中含有的微量物质“酸”和“脂”，对人体有很大的帮助，所以说，纯露能喝，是因为它的营养成分是可以被身体接受的。根据植物不同的作用，饮用纯露也有不同的效果。比如说，油性肌肤的人，可以喝喝看薰衣草纯露，它可以促进血液循环，帮助镇静消炎。除了喝，我们经常拿纯露来敷面，这个可比外面的面膜产品有更好的效果，因为它天然，成本还低，很多女孩子现在舍弃了昂贵的化妆水，就用纯露来补水保湿，效果更好。

“大家经常在用的都是哪些植物精油呢？”Iris问，“突然觉得有兴趣了，Lynn不如你推荐几种吧？”

“其实每个人都有自己喜欢的味道，最好是先闻味道，味道喜欢了再看接下来的功效比较好。”Lynn建议，“精油对心情有很大程度的调整，所以首先依着自己的喜好来吧。”

“还是去专业的精油柜台咨询一下比较好。”Saron说。

各植物精油功效一览

Pure essential oil

茉莉精油

被称为“精油之王”，可调理干燥肌肤及敏感肌肤，保湿补水，增加皮肤弹性，淡斑，让肌肤新生。

薰衣草精油

清热解毒，清洁皮肤，控油，祛斑，去皱，嫩肤，去除眼袋及黑眼圈，促进肌肤细胞新生功能。对心脏有镇静效果，缓解愤怒情绪，减轻疲劳，对失眠者有安抚作用。

洋甘菊精油

改善青春痘肌肤所引起的过敏现象，对受损肌肤有镇静、修复作用。对于眼部肌肤问题，比如黑眼圈、细纹等，也有改善作用。

玫瑰精油

以内养外淡化雀斑，促进黑色素分解，给肌肤保湿，回复细胞弹性，美白功效。对于女性内分泌紊乱有很好的调节作用，可缓解生理痛经。

檀香精油

滋润肌肤、对老化、缺水肌肤有延缓细胞衰老的作用，淡化疤痕、细纹。消除精神紧张和焦虑，放松神经。

薄荷精油

清洁毛孔堵塞、不洁的情况，并收缩毛孔，有消炎作用，清除黑头粉刺，对油性肌肤来说是很好的清洁品。

金盏花精油

适合敏感性肌肤，可舒缓皮肤敏感出现的红斑，消炎镇静，消除浮肿，促进皮肤再生。对痘痘肌肤也有好的疗效，能加速伤口愈合。

甜橙精油

平衡肌肤的酸碱值，帮助促进肌肤胶原蛋白的生成。气味甜美，可改善焦虑引起的失眠症。

简单可操作的精油配方

精油最强的功效就是保湿和镇静，尤其是对干性肌肤和过敏性肌肤而言，对精油有一定认识了以后，大可以针对自己的肌肤问题，进行简单又安全的调配，绝对比外面买的复方精油性价比更高。

- □ 干燥、蜕皮问题：
  檀香精油+玫瑰精油+洋甘菊精油
- □ 过敏、炎症问题：
  薰衣草精油+洋甘菊精油+玫瑰精油
- □ 老化、暗沉问题：
  橙花精油+茉莉精油+玫瑰精油
- □ 混合型出油、干燥问题：
  薰衣草精油+依兰精油+天竺葵精油
- □ 严重干燥肌肤问题：
  檀香精油+依兰精油

“那么，我们怎么来掌握每次使用精油的量呢？”Saron问。

“对啊，尤其是用纯精油的时候，到底要滴几滴？还是没有固定的值，每个人都不同呢？”Mavis接着说。

“你说的没错。”Lynn说，“精油的用量确实没有统一标准。现在外面有一种说法是，面部使用不能超过1%，身体不能超过2%~3%，但是这个百分比是相对皮肤多大的面积而言的，没有人知道，也不知道是谁传出来的，反正我咨询了很多精油美容师，都认为这种讲法毫无根据。”

“所以，美容师仍然会建议大家先用少量精油，稀释后再用。”Iris点头。

“你想，先少量的用，让皮肤慢慢接受精油的存在才是最安全的。”Lynn接着说，“正常来说，泡澡的精油不能超过8滴，洗脸的话，以一脸盆水为标准不能超过3滴。”

精油可以随意添加进美容产品？

看到很多网上讨论精油的帖子，都会说到，可以将纯精油滴几滴到乳液或者精华产品，号称这个办法不仅保证安全，还能跟日常产品配合使用，更有人说，这样就跟市面上能买到的精油护肤品差不多效果了。那么，到底有没有用呢？随便滴几滴精油就被你开发出一个新产品了，那各大美容品牌还要做生意么？

根本没有这么简单好吧。乳液产品的配方本身就很成熟，是由各种原材料调配后确认为有功效才开架的，将精油添加到里面的话，也是需要科学的工艺和添加顺序的，不是滴几滴就好了。国际上专门研究精油护肤品的大品牌，都是经过了长年累月的研究才得到了比较完善的配方，甚至很多都是直接在植物中萃取而不是将已经有的精油产品加入的。化妆品的研发又不是炒菜，千万不要无知到以为随便混合混合就有功效。

skin

Nature's Boundaries
Hand & Body Lotion
*Made with over 70% organic ingredients
*Thick, rich formula made with raw shea butter
"We will shout for joy when you are
Jurlique
Body Exfoliating Gel
A deep cleansing body exfoliant
℮ 300mL 10.1fl.oz.
Jurlique
Perricone MD
COSMECEUTICALS
Face Finishing Moisturizer
℮ 59 mL / 2 fl oz
avon Bouée
oy Soap
OCCITAN
EN PROVENCE

essential oil

不要以为你真的了解精油！

对于精油，很多人一知半解，尤其是在精油产品的挑选上存在着很多误区，不要以为你很了解精油，看看下面的错误观念，就知道人云亦云的说法有多糟糕。

只要没有酒精，就是天然精油：你怎么鉴定某个产品内不含有酒精呢，就单凭鼻子闻一闻吗？很多精油都属于醇类物质，而酒精也是，可融合于精油，加上精油天生的香味，很有可能就掩盖了酒精的气味。就连专业人士也需要仪器来检验产品中是否含有酒精，单靠你的鼻子怕是远远不够。

精油是天然植物中提取，所以它永远不会变质：首先，精油不是防腐剂。花花草草也会枯死，凭什么说精油不会坏。精油的成分本身因为提炼过程而变得复杂，分子结构多变又不稳定，所以可能比你想象的时间要更快变质。精油存放时间久了，会改变气味或者成分，这个过程成为熟化，有些精油会像酒一样越陈越好，而大多数精油都是越新鲜越好的。正规的精油品牌都会标示每种产品的保质期限，劝你在这个时间前快点用掉吧。

精油能够渗透入血液中：没错，精油的分子结构是很细小，但却不能够很快地渗透到血液中，这个过程大概需要10分钟左右，而且并不是每种精油都有这样稳定的渗透性，根据提炼的工艺和技术问题，能全部渗透进细胞的精油少之又少，价格一定昂贵到让你咋舌，大多数的精油顶多停留在肌肤的最表层服务。

to be beauty

“精油还有很多禁忌。”Lynn强调，“我们普遍最了解的就是，有些精油孕妇是不能用的。”

“对，”Saron也看到过类似的讨论，“那么还有其他的禁忌么？”

“还有，纯精油必须经过基础油稀释之后才能使用，目前被医生认可的可直接涂抹皮肤的精油，只有茶树精油和薰衣草，量也不能太大。”

“多数情况下，我都是在脸上有发痘的征兆前，用茶树精油滴一滴抹在长痘部位，效果立竿见影。”Mavis说。

警惕精油六大忌

1 纯精油必须经过稀释才能使用。目前除了薰衣草和茶树精油外，其他的所有精油都不能直接涂抹在皮肤上。

2 某些精油具有感旋旋光性，会让皮肤在阳光下出现过敏、红疹情况，因为在使用此类精油后一小时内，不可接触阳光。这类精油尤以柑橘类精油最为严重。

3 同一种精油不可天天使用，就好像身体会出现抗药性一样，一直使用相同的精油，身体也会适应后无效，最好的方法是两周换一次精油种类，交替使用效果更佳。

4 精油绝对不可触碰到眼睛，即使是稀释过的精油也不行。如果不慎将精油滴入眼内，切记不可用清水冲洗，这会使情况更糟糕，最好的办法是使用杏仁油、葵花油、橄榄油等纯植物基础油清洗。如果眼睛持续疼痛没有改善，请尽快就医。

5 一般情况下，精油是可以内外服用的。但是精油专家都表示不赞同精油初学者服用精油，一定要在医生的认可下才可以服用。

6 身体状况不好、患病以及女性怀孕、生理期间，要格外警惕精油的选择，有些精油对高血压、心脏病、癫痫症、糖尿病等有百害而无一利。尤其是怀孕期间的女性要注意，因为很多精油都含有酮元素，此元素是孕妇及婴儿的大忌，切不可使用。

孕妇不可使用的精油清单，可供参考：

马郁兰、迷迭香、薰衣草、薄荷、快乐鼠尾草、罗勒、牛膝草、茉莉、杜松、樟树、没药、雪松、玫瑰、百里香、茴香、艾草、山金车、白桦、丝柏、冬青。

Wrong

Part Seven ■ 肌肤之水何处来

reserve Moisture

秋日下午的办公室中窗门紧闭，空调下的室内温度不知道和外面差了多少，Lynn正好坐在正对空调出风口的地方，被空调吹得整张脸好像戴了张厚厚的面具一样。Lynn只能无奈地拿出抽屉里的保湿喷雾对着脸大肆狂喷一通，喷雾声音惊动了旁边的人，三人好像从睡梦中醒来一样才意识到皮肤干得不像话，各自拿出喷雾对着脸狂喷。一时间办公室中全是喷雾的声音，路过Lynn她们办公室门口的隔壁部门Johnny探头进来，问：“咦？你们部门有蟑螂么？”众女皆投以白眼无视之。

“我的脸快僵掉了。”Iris抱怨道，“每到秋天就会干，这样下去都要变成木乃伊了。”

“秋天本身皮肤会比春夏天干燥，再加上办公室里不通风，整天在空调下面，当然皮肤会干咯。”Mavis点头。

“做了一下午的报告书，我连水都喝不上一口呢，别说皮肤了，我身体先干死了。”Saron艰难地从一堆文件资料中站起来，拿着水杯去倒水。

“苦啊！”Mavis叹息，“办公室OL综合症之一——”

“缺水！”Lynn也接口道。

oisturizer

肌肤之水何处来

Sodium-PCA

where water goes

你的肌肤饥渴到什么程度？

秋天肌肤最容易出现的状况就是干燥，因为秋天气温降低后皮脂腺、汗腺分泌比春夏天少了好几倍，导致皮肤角质层含水量降低，皮肤一缺水，各种症状随之而来，干痒、蜕皮等等，甚至还会因为这类因素恶性循环，造成皮肤暗沉粗糙，失去弹性。都说女人是水做的，女人的肌肤又怎可没有水的滋补，一般我们只会嚷嚷着“皮肤好干”、“皮肤蜕皮了”……你知道你的肌肤到底缺了多少水吗？喝一杯水或者用保湿喷雾就能补得回来吗？

- □ 不知从何时起，细纹神不知鬼不觉地出现在眼角、额头或嘴角处。
- □ 嘴角及两边脸颊的皮肤有时会干到起小皮屑。
- □ 肉食主义者，一个礼拜都吃不了几种蔬菜水果。
- □ 就算是用滋润型的洁面乳，洗完脸后整张脸仍然有紧绷感。
- □ 每次上完散粉后，会觉得皮肤干干的变得不舒服。
- □ 因为一直在室内，所以平时不擦隔离霜，防晒霜就更不会用了。
- □ 手指顶端指甲处的皮肤有时也会有蜕皮，也没有意识到要用护手霜。
- □ 只有用粉底液才能让皮肤看上去比较细腻光滑，用粉饼的话经常出现浮粉现象。
- □ 脸上的皮肤虽然看不到皱纹，不过摸起来却一点都不光滑，粗粗的。
- □ 夏天冬天，只要温度稍有变化就只能在空调房内过活。
- □ 为了去除脸上的细纹也尝试着开始用一些滋润类的保养品，但总觉得油腻腻的不舒服，没几天就放弃了，自然最后都没有改善皮肤状况。

Test

☐ 嘴唇一年四季都会有干裂、蜕皮现象。

☐ 每天喝的水少于6杯。

☐ 不易流汗的体质，即使在大夏天也不流汗，为此还挺得意的。

以上各种情况统计一下自己的得分。

有5个相似情况者：你属于温泉肌肤，也就是说肌肤缺水状况并不严重，属于轻度饥渴。

有6~10个相似情况者：你属于陆地肌肤，属于中度缺水肌肤，一定要开始注意补水保湿。

有10个以上相似情况者：你属于沙漠肌肤，肌肤重度缺水，补水已经是你的肌肤当下刻不容缓的问题。

四人分别做完自检试题后，各自心事重重。

“小Iris你年纪还小，也这么缺水么？”Mavis率先打破沉默。

“我测试出来倒是还好，算是轻度缺水，可是我总觉得我的皮肤还是有问题的，时不时会有一小块肌肤出现干痒，然后抓抓就红了。尤其是我鼻子的地方，”Iris指指鼻尖，“无缘无故就会有点小蜕皮。”

“怎么听着像过敏啊？”Saron奇怪道。

“可是我并不是敏感皮肤呀，Mavis才是！”Iris搞不懂开始纠结了。

“我……我也不是很敏感好吧！”Mavis怒了。

“那到底我这个情况算是什么呢？算缺水吗？还是阶段性过敏？”

“阶段性过敏？”众人笑道，“你这个是Iris特有肤质吗？还是原创的啊？”

“我的皮肤到底怎么了？”

你知道敏感性缺水吗?

像Iris这样皮肤并没有干纹，每天洁面后也没有紧绷的感觉，但是对一直在用的护肤品开始有了不适应感的皮肤状态，其实是敏感型缺水。敏感型缺水的不适应感表现在：有时候肌肤会感到刺痛，或者抹上滋润霜后觉得皮肤根本没有吸收进去，全部浮在表面，显得皮肤看上去很油腻。不知何时护肤品的效果开始大打折扣，因为没有吸收，皮肤当然开始走下坡路。很多人都会有Iris这样的情况发生，甚至这个时候你都不知道皮肤是过敏了，还是缺水了。

sitive skin care

敏感性缺水的元凶

这种情况通常是因为室内外温差或者湿度变化太大造成的，想象一下你的皮肤一会儿冷，又一会儿热，就像人的心情不稳定会出现焦虑、疲惫一样，皮肤也会因为焦虑疲劳产生鸵鸟症状，变得无力留住肌肤水分，而且容易敏感。很多人碰到这种问题，还会变本加厉地给肌肤再加重负担，眼见它吸收不了营养而变得油腻，就选择用控油力更强的洁面品，洁面后皮肤虽然暂时看上去清爽了很多，其实落入了干燥的圈套中。

“Iris你这种我觉得还好，只是阶段性的缺水，到底还是底子好，稍微注意一下补充水分就可以恢复了。”Mavis感叹道，“不像我，本身就是属于混合偏油性肌肤，脸油腻腻的，隔一段时间必须要用吸油面纸。”

“你这种其实也是属于缺水的，”Saron说，“别看你皮肤看上去不干不涩，其实也是油水不平衡的表现。”

“没错，就是油脂太多，水分太少。”

“这个问题我和你差不多，”Saron继续说，“油和水总是不能平衡，也是老大难了。”

“如果有哪种保养品可以转换皮肤性质就好了，我真是讨厌混合性肌肤啊！”Mavis继续发牢骚。

ret method
watering

敏感性肌肤怎么补水

当皮肤出现缺水状况时就会发出启动自我防御的信号，这时候毛细孔会扩张，释放出比平时更多量的油脂来保护皮肤，导致皮肤油脂分泌过度，看上去油光满面的，肤色显得黯淡无比，摸上去手感也很粗糙。这个时候，最有效的办法就是先清洁皮肤，清除皮肤表层老化的角质细胞，加速新陈代谢，让皮肤恢复水润光泽的常态。可以选择清洁度高的面膜和磨砂膏来对付过多的油脂分泌。如果你的皮肤还不服软，敏感泛红起来那怎么办呢？不如借助一些含有果酸成分的美容产品，可以加快老化角质层的脱落和清洁，但一定记住含量要小，不然太刺激了对皮肤不好，反而弄巧成拙。最后选择一款质感比较薄，又有保湿力的乳液来补充皮肤的水分，坚持一两天，敏感性缺水皮肤一定会看到成效的。

亚洲皮肤的通病：油脂性缺水

一忙起来脸上就泛油光，止也止不住；天天厚厚的彩妆遮面，晚上卸下妆对着镜子不忍看日益粗大的毛孔；时不时还要遭到粉刺的突然袭击，恨不得闭关数日；皮肤摸起来早没有前几年那么光滑，仔细看还会发现好多小细纹……有人说既然肌肤出油那是不是乳液太滋润，不如做好洁面以后就不涂乳液了，结果发现肌肤非但没有恢复干爽，还变本加厉地分泌出更多的油分。据调查，70%以上的亚洲女性都有这样的肌肤烦恼，这也是混合皮肤的通病——油脂性缺水。如果你的皮肤就是属于这种类型，那就不要再做无谓的挣扎了，利用特效护肤产品拼命让皮肤变成干性肌肤类型那是不可能的。首先请调整好心态，对皮肤护理的重心应该转移到温和洁面和补水保湿，让皮肤中的水和油的比重处于平衡状态。

oil skin care

notice

“我觉得我的问题才真的称得上是老大难！”Lynn一圈听下来，指指自己说，“我是干性肌肤，还是严重得都补不进水的干性。你们不如给我一个解决方案吧？”

“我觉得干性挺好啊！”身为混合型代表的Mavis羡慕地说，“干性皮肤看上去总是很光洁、肤质也很细，我看到的八成以上干性肌肤的人皮肤都很白很嫩，如果我也是干性就好了！”

“有什么好的！”Lynn打断她，“你是不了解我们的苦，如果说混合性肌肤有年轻女孩的皮肤烦恼的话，干性肌肤就像是迈入黄昏的老太太……”

“夸张了吧！”

“一点不夸张，当你年纪轻轻皮肤就没有油水，一天笑多了回家就发现眼角有细纹的时候，你就知道干皮有多无奈了！”Lynn最后摆出了“你们都不理解我”的表情。

先天性缺水肌肤

先天性缺水肌肤就是通常大家所说的干性皮肤咯，这种皮肤在15岁到26岁之间可谓是得天独厚，受到了上天的眷顾，人家长痘她不长，人家出油她也不出，人家毛孔粗大，她肤质细腻柔滑白皙透亮，占尽所有便宜让其他皮肤的女孩气得牙痒痒。可是，一旦岁数慢慢上涨，问题就接踵而来了：尽管平日还是不长粉刺，但是每到换季时，皮肤就好比蜕皮的蛇一样，恨不得蜕光了重新生一层；就算不做任何表情，细纹也越来越明显，有时候故意一天下来板着个脸，结果发现脸绷得快干掉了。这种情况任凭是谁都知道了，缺水，缺水！可是水哪有那么容易补得进？！即使你强硬着补进去了，你又能保证皮肤留得住水吗？干性皮肤本身的天然载水因子就比其他皮肤的人少，导致皮肤保湿功能下降，衰老迹象也就更加快速和明显。

说是说先天缺水肌肤，但造成此肌肤的另一个原因很可能就是你自己。你的防晒习惯如何？是不是经常三天打鱼两天晒网地擦防晒油，顶着大太阳就出门了？在紫外线特别强烈的季节，就算是偶尔的小失误都会在你的皮肤上留下不可挽回的创伤。

dry skin care

epair & nutritious

紧急补救肌肤水资源

dry skin care

皮肤专家指出，如果不在你的过敏范围内，适当地用一些含精油产品，可以缓解皮肤突发性的干燥缺水状态，例如含有橄榄油或者荷荷巴油的乳霜，这两种精油都是天然的保湿剂。另外，干燥肌肤其实是最容易发生过敏的皮肤，建议你不要刺激皮肤，这段时间不要用任何磨砂类和果酸类刺激性强的产品。

“也不知道大家说的，每天要喝8杯水的量到底有没有用？”Iris说。

“是啊，”Mavis也说，“8杯水到底怎么界定呢？”

“其实不单单是喝水，还有其他的补充水分的办法。”Saron拿出每天都准备好的苹果，“每天补充维生素，吃多点水果，也是补充体内水分的一种。”

“尤其是我们这种一天24小时基本都在空调房间里的状态，又面对着电脑，辐射那么大杀死了多少细胞，总要吃点营养补回来吧。”

Key

建立皮肤储水库

对于缺水性皮肤而言，补水诚然重要，但最重要的还是建立皮肤的储水能力，那么储水能力与什么元素相关呢？就是我们经常提到的胶原蛋白。缺乏胶原蛋白的皮肤，储水力和新陈代谢能力都会出现障碍。我们经常讲胶原蛋白是抗衰老的营养剂，但总是忽视了它也是强力修复你细胞储水功能的有利元素，建议经常用一些含有胶原蛋白的面霜，配合保湿精华，相信你的皮肤一定会渐渐脱离龟裂肌肤。

身体内外一起水循环

除了每天都要进行的外在保养之外，内在的水环境也要一并调理才能加强保养效果。

! 在饮食方面，建议可以多吃一些润而不腻的食品来滋补，好比莲子、银耳、百合、红枣等对清润补水都有很好的功效。另外，每天吃一个奇异果或者柠檬，也是加强水滋润的秘方。

! 常在空调环境中，每天至少要喝足8大杯的水，这个物理量大概是多少呢，大约是一杯200cc，也就是一共2.5L的量，而且这个水指的可是纯水，千万不要和其他汽水饮料一起混搭了。为了足够的补充水分，同时也要加强水果蔬菜的摄入。

! 要给肌肤及时做水滋养，除了在办公室中常备各种喷雾等保湿、补水类产品，还可以放一个加湿器在办公室。现在加湿器的类型有很多种，有专门针对一人的，放在写字台上的小型加湿器，还有整个房间都能覆盖到的类型。加湿器的作用可能一天两天看不到，但确实一定是有效的。

每个礼拜都要定期护理肌肤，室内外温差大，频繁出入的话，忽冷忽热的温度很容易让皮脂腺功能失调，让皮肤出现各种各种问题。首先，在房间内不要把空调温度调得太高，25℃~28℃是人体最能够接受的温度。并且每周做1~3次的皮肤彻底清洁保养，敷保湿面膜，做保湿SPA护理，让皮肤充满生命力。

无时无刻的有氧呼吸是很重要的，长期在办公室中很容易让人没有生气，氧气不足会让人加速衰老。但是很多人说了，公司不是我开的，办公环境我又不能选择。在这里想说，办公环境也许不是你能选择的，但小环境却是你可以自己创造的，可以在房间内或办公桌上放置一些小盆栽，比如芦荟、常春藤、仙人掌等等，小小的绿色植物不但可以让你有氧呼吸，也能帮你抵抗一部分的电脑辐射呢。除此之外，空闲的时候多走动走动，开窗透透气等，都是有氧呼吸的一部分。

3 wrong

办公室OL补水误区

办公室环境密闭缺少水分补给，这都是老生常谈的话了，多说也无益，而且现在很多人都已经知道怎么工作的时候给肌肤补水、缓解压力，不过据我观察很多人的补水习惯还是有些问题的。

! 很多人有中午卸妆洗脸的习惯，但是步骤却比平时的基础护理少了一步，就是会漏了保湿水的这一步，直接洁面后涂面霜了。你不知道的是，只有用了保湿水再用面霜，才能把水分存入肌肤角质层，否则即使你用再好的面霜，也是徒劳无用。

! 下午工作效率低，两杯现磨咖啡下去感觉精神好了许多，但你是否知道，咖啡虽然确实有提神醒脑的作用，但其中的咖啡因会加速皮肤的干燥，最好能改掉这个习惯。如果需要提升，可以改喝绿茶、红茶或者花草茶，都对皮肤有好处；如果觉得口中无味想补充点糖分的话，建议你也可以多喝一点鲜榨的水果汁，口感好也可以补充流失的维生素C。

! 上午10点、下午3点这两个时间段，好比身体需要增加营养，也正是皮肤需要增加水分的关键时刻，这时候准备一瓶保湿喷雾，就可以为肌肤解除紧绷感。但是很多人看到有些论坛上的介绍说，可以用矿泉水或者普通的纯净水来充当喷雾，我不知道这是哪里来的科学依据，还是只是矿泉水品牌的“托”。要知道普通水蒸发的时间很快，连同你皮肤的水分一块儿消灭怠尽，而保湿喷雾的配方却能锁住肌肤表层的水分，至于到底哪一种喷雾比较安全，你自己看着办吧。

“其实不只是一直坐在办公室才会有皮肤干的时候，我有几次旅行途中，可能是到了北方城市吧，也会感觉皮肤一下子不适应了。”Lynn开始大谈出差经验。

“在飞机上也是，其实也是因为在密闭空间内，或者像Saron你每天开车过来，在车里对着空调吹风口，皮肤也会干吧？”同样开车上班的Mavis感同身受的说。

“没错，也许是现在的人越来越懒了，总是在密闭空间内做事情，不喜欢户外运动，呼吸新鲜空气，皮肤也等于不能好好地呼吸空气中的养分。”

“那也要看是怎样的空气吧，如果是像我们这种城市，灰尘粉尘这么大，皮肤也受不了吧。”Iris摸摸自己饱受摧残的脸。

tender and soft everlasting

prevent

开车OL保湿防护

许多开车的女生普遍认为在车里皮肤不会受到日晒雨淋，总比奔波在外的人少受一点伤害吧。但车内未必就比室外好了，纵然少了日晒和灰尘，可是车内空间闭塞会让皮肤干燥缺氧，空气不流通也不利用肌肤的血液循环。此外，双手一直用力握着方向盘，也会破坏双手的细嫩皮肤，手心容易蜕皮干涩。

! 上车前，适量地喷一些保湿喷雾，为肌肤补充足够的水分。

! 在车内准备一直润唇膏，以免唇部太干燥。

! 在车上有时间的话，经常双手按摩让手部皮肤舒缓一下。

! 到办公室后第一件事情是清洗双手，涂上护手霜。

your skin

EAU THERMALE
Avène
Cold Cream
Crème mains
Soin et protection des mains desséchées, gerçées ou abîmées
Hand cream
Care and protection of dry, chapped and irritated hands
COMEDOGENE
BOBBI BROWN
Lip Balm SPF 15
Baume à Lèvres SPF 15
Tin o' Tint
MOISTURISING LIP TINT 'N' CARE
WATERMELON
CHERRY
VANILLA

moisturize in the airplane

milk mask

空中飞人补水记

机舱内就好比空调房间，甚至是比空调房更加密闭的空间，没有水分的环境很容易就夺去了肌肤中的水分，让身体出现严重缺水状态。之前，已经有专家测量出飞机上的湿度，大约在1%左右，也许你会不以为然，1%是什么概念呢？这样告诉你好了，撒哈拉沙漠这么干涩的气候环境下当地湿度也有3%，1%这个湿度的量还不是只给你一个人提供的，想想几百号人挤在一个空间内，呼吸着一样的空气，生成二氧化碳都困难重重，更何况是你的皮肤！如果你在这样一个密闭空间里要超过三个小时的飞行时间，相信我，保湿刻不容缓，不然等下了飞机你去照镜子，保证可以看到发干暗沉的皮肤和点缀其上的小细纹。

相信看过不少娱乐报道的人一定会很熟悉，明星们在飞机上的生活作息，不是狂补睡眠就是猛敷面膜，当时觉得不以为然，现在知道人家为何大惊小怪了吧。又有刁钻古怪的人提问了，现在安检这么严格，化妆品怎么能带到飞机上呢？好吧，这次我接受这个问题，如果没有面膜在身边，下面这个方法可以让你得到跟敷面膜差不多的功效。

空中超豪华牛奶面膜

首先在上机前，提前准备一包防水性能较强的纸巾或者面膜纸若干。其次，贯彻补水战略的一个前提是，不论爱美不爱美，如果飞行时间超过3小时，建议你不要带妆上机。

当你在飞行途中觉得皮肤有点干涩了，可以要求空姐给你一杯牛奶，将防水性强的纸巾或者面膜纸泡在牛奶中，浸泡后拿出展开，凉凉的牛奶有镇定和滋润作用，让皮肤一下子缓过神来。但要注意不要超过20分钟，不然反而会让纸巾吸走你皮肤中的水分。

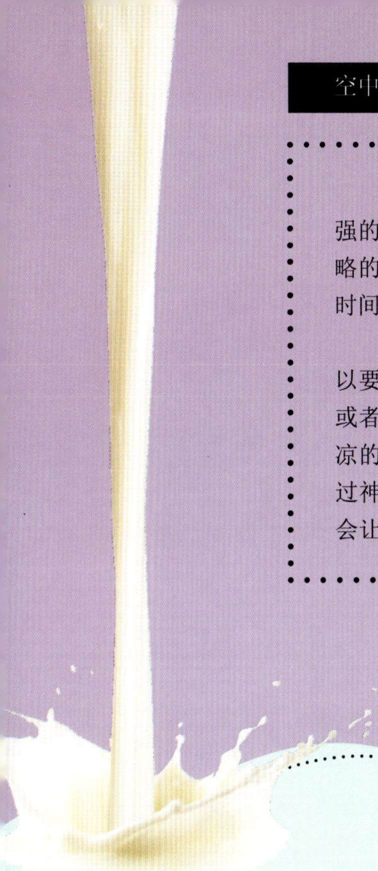

“问题来了！”Iris再接再厉，“每次脸上皮肤干涩，但是上班总要化妆啊，上粉感觉就想刷墙一样，这要怎么解决呢？”

“有时候脸上起了皮屑或者蜕皮，上妆真的很不容易，粉上得越多，干的那几块皮肤就更加兴风作浪！”

“是啊，有没有比较快的立竿见影的补水方法呢？”Mavis也说，“起码保持到让我化好妆吧！”

上妆之前紧急补水

皮肤在缺水状态下，越想多上点粉遮盖，越容易把干燥皮屑问题暴露得更彻底，而且化妆会让皮肤更干更涩，就好比陷入两难境地。上妆还是不上妆，这是个问题。大家一般都只会注意到保养时的补水问题，其实妆前妆后的补水保湿同样重要，在化妆途中补水，让粉妆更贴合皮肤，也让补水保湿的战役更彻底。

tender and s

4 steps

STEP 1

上妆前，不要用过厚的面霜，也不要用太多的护肤品，既然皮肤已经缺水了，还是减轻它的负担为妙。

lasting

STEP 2

选择粉底产品尤其关键，一般我们可以选一些质地比较清透的水溶性粉底液，并且薄薄地在脸上先打上一层。

your skin

STEP 3

将粉扑用化妆水蘸湿，取适量粉底直接倒在粉扑上，用粉扑轻轻拍打肌肤直至均匀、清透。

STEP 4

继续按平时的步骤打眼影和腮红，但在结束后，取一些化妆专用保湿乳液擦在皮肤上，会让脸部显得水润透亮，并且有保湿作用。如果没有化妆专用保湿乳的话，教你另一个好办法，

将保湿乳液混入一点粉底液，轻拍到脸上，会有比只用粉底液更好的轻薄、保湿效果。

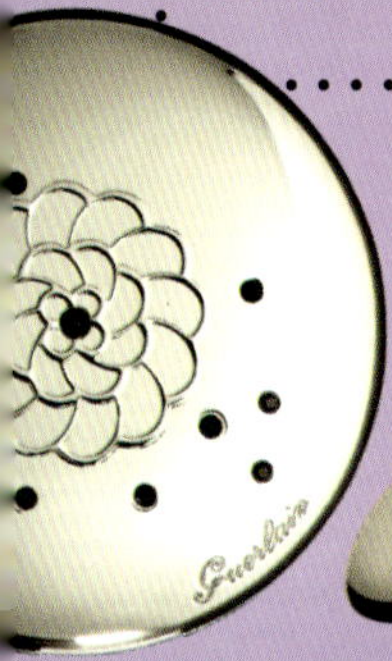

“这个话题真是没完没了了！”Lynn看了下手表表示大家可以结束话题，继续工作了。

“是啊，每个人都有自己缺水的难题。”Iris拎不清地还要接着说。

“现在在办公室里，就先多多喝水吧。”Mavis使劲使眼色给她。

“Iris觉得办公室里吹空调皮肤太干，我就打个报告让你出去跑个几天业务吧。”Lynn开玩笑。

“呃……我还是继续喷雾吧。”Iris缩着脖子默默遁回自己的座位。

Part Eight ■ 密练毛孔隐形术

Pores Shrinking

perfect skin

密练毛孔隐形术

MSN上，Iris偷偷发了一个链接给Saron，Saron打开一看，大标题是“某某明星们卸妆后的高清照片”，列举的都是时下曝光率最高，让人茶余饭后消遣引来无数八卦的女明星们，Saron的娱乐精神一下上来了，一直到中午午餐时间，两人还在继续看话题。

“没想到她卸了妆是这个样子啊，怎么眼睛可以肿成这样……”

“是啊是啊，而且你看XXX没有，平时杂志大片上皮肤多好啊，原来是这么坑坑洼洼的。”

“说明平时PS有多厉害啊！”

Lynn和Mavis在旁边听得一头雾水，“你们在说谁呢？”Mavis好奇道。

“不就是那个马上就要嫁富豪的XXX……”

“她啊……我有个摄影师朋友说，她皮肤是最差的那种，毛孔粗得吓人，每次修她的图片都烦死了。”Mavis透露一手资料。

“不过毛孔问题不只女明星，我看很多人都有的，尤其是天天化妆的话，毛孔更粗。”Lynn在旁边说。

“毛孔也有年龄的，说不定还会比人更容易衰老呢。”

你的毛孔弃你而去了吗？

你的毛孔已经开始衰老了吗？看一下下面的测试题，如果很多状况你都感同身受的话可要小心了，你的毛孔已经开始衰老了，现在还不采取措施的话，谁也救不了你！

□ 间歇性会长痘，尤其是内分泌紊乱阶段经常发现成人痘问题。

□ 和手上或者身体的皮肤比起来，脸颊的皮肤明显不够细腻。

□ 如果洁面后不赶紧擦上保湿水的话，一会儿工夫皮肤就会非常紧绷。

□ 鼻翼两边的毛孔狭长，甚至有形状，有些呈长直形或水滴形。

□ 皮肤弹性状况不好，尤其是早上醒来后照镜子，会发现侧面挨着枕头睡觉的那一边脸的压纹特别明显，很难褪掉。

□ 毛孔已经不在潜伏在鼻翼两边，渐渐蔓延到靠近鼻翼的两颊皮肤。

□ 脸颊经常容易起一些小红疹，或者是小黑头。

□ 晚上洗澡为了保暖，经常用38℃以上的热水洗澡，洗得皮肤红红的可以加快血液循环。

□ 属于混合性皮肤，一年四季包括冬天还是能看到明显的黑头。

□ 每周都要做2~3次以上的强力清洁面膜。

“我觉得我的毛孔都是因为以前长痘痘，当时没有做好补救措施就任由它去，”Mavis说，“现在留下了后遗症。”

“我的也是青春期留下的。后来开始保养就知道，以前有很多错误的方式对待痘痘。”Iris点头，“学校真应该开一门基础美容的课程，我觉得大多数青春期的女孩子都不会护理皮肤。”

“发现问题都是很粗鲁地对待皮肤，皮肤最后也还以颜色。”Saron点头，“不论在哪个阶段，这种情况都会发生。”

“毛孔粗的话最能够看出一个人是怎么对待她的皮肤。”Lynn下结论道。

油脂分泌型

油脂分泌型的毛孔也可以叫做U型毛孔，一般都是因为油脂分泌导致的毛孔粗大，特别是在T区位置。这类毛孔主要还是皮肤太油的问题，可能是遗传性，也可能气候闷热或者平时饮食吃得太油腻所造成的，青春期的女生这种状况出现得比较多。这类毛孔问题主要应该调节油水平衡，每周可以用去角质产品深层清洁毛孔。

青春女毛孔安全对策

对青春期女孩子来说，痘痘肌肤是第一烦恼，发达的油脂分泌怎么也甩不开，而且又是长身体的时候，吃的都是高热量的食物。女孩子对肌肤问题的最初认识，应该就是痘痘。以前根本不用担心皮肤问题，小时候我们经常都是洗好脸涂点面霜就够了，管他什么功效性。等到了发育期，长了痘痘，痘痘消了又出现了圆圆点点的粗大毛孔，才开始有了皮肤烦恼。这时候只要日常注意清洁和保湿就够了，而且能不化妆的情况就不化妆，反正年轻就是本钱，明亮的肌肤是青春期女孩肌肤最完美的表现方式了。

Types

to be beauty

毛孔的几种类型

our skin

角质粗厚型

因为角质层太厚而堵塞了毛孔，出现了黑头粉刺现象，这类毛孔问题都是平时清洁做得不到位不彻底所致。毛孔阻塞加上日常生活的压力，导致皮肤新陈代谢减慢，老化角质连同脏东西一起堆积，堵塞住了毛孔。处理此类毛孔的关键是加强去角质，使用一些含有果酸、水杨酸、酵素等成分的洁面产品，或者含有去角质颗粒的磨砂产品。

beauty to know

皮肤在缺水状态下，毛孔前端的角质层会变薄，致使毛孔扩张，所以干性肌肤随着年龄增长也会出现毛孔粗大的问题。皮肤老化导致毛孔附近的胶原蛋白大量流失，破坏了毛囊的防护系统，是毛孔粗大的主因。这类毛孔问题，需要配合高保湿强度的化妆水、乳液、精华素来护理，也要时常注意身体内部补水问题。

轻熟女毛孔安全对策

轻熟女的皮肤开始进入有点熟，又不太熟的状态，偶尔因为工作压力还会有成人痘，但毕竟还是少了。不过，恼人的毛孔问题似乎确实越来越明显，加上环境干燥导致缺水，黑色素沉淀使小雀斑也来搞搞破坏，只能叹息青春来得快去得快，任凭谁也抓不住。原来圆圆点点的毛孔形状逐渐变成椭圆形，开始扩大，所以作为轻熟女，对毛孔的保养重点应放在去角质、保湿滋润和按摩保养皮肤使其恢复愈合功能上。在使用一些抗老化产品后，结合肌肤按摩的手法，提拉皮肤。另外一些脸部穴位的按摩也有提升肌肤张力，激活细胞的功效。

my

Type 老化衰老型

随着年龄增长出现的毛孔问题，身体内的胶原蛋白和弹力蛋白变得脆弱，不能像以前那样再供给肌肤所需营养，毛孔周围肌肤出现松弛，大多都是呈长形或水滴状，看起来还是很明显的。这类型毛孔是衰老最严重的状态，选择产品上要挑有“胶原蛋白”、“弹力纤维”等字眼的护肤品来使用。

成熟女毛孔安全对策

随着年龄增长肌肤的承受能力越来越差，此时的毛孔已经形成水滴状，除了之前的去角质和深层补水工作以外，也要用一些专业功效的精华液、修护霜来护理毛孔肌肤，甚至必要的时候尝试一下肌肤密集护理吧。密集护理可以在一段时间内，让肌肤恢复弹力和生气，调整肤色，在最短的时间内呈现年轻的肌肤状态。不过要注意，密集护理以后，也要注意护理肌肤了，毕竟不能每次都用密集疗程来救急。

“如果按照这些方式来护理，毛孔就会缩小到看不见吗？”Mavis弱弱地说。

“别做梦了，已经被撑大的毛孔是不可能恢复到原来状态的！”Lynn说，“就好像衣服撑大了，可能再缩小吗？”

“洗一下不是可以缩小吗？”

“但是过不了多久也现原形了啊，这跟毛孔是一样的，要恢复到原来的样子基本上是不可能的，但是正确的护理可以让撑大的毛孔紧致，起码能控制它继续扩张。”

different skin

毛孔问题的主因虽然是因为缺水，但是除此之外，一些不正确的皮肤护理和习惯也会导致毛孔粗大。大致有以下原因：污垢堆积阻塞毛孔、祛痘方法不当、粗暴地对待皮肤等等。

带着彩妆一起见周公

不卸妆也会影响到毛孔吗？要知道，皮肤在进入睡眠状态后，会产生细胞来自动修护皮肤，所以很多人都会说，一觉醒来后的肌肤状态是最好的，这也是为何要说“美容觉”的原因。但是你没卸妆的话，白天残留在脸上的化妆品彩妆品，加上空气中的微尘、皮肤的分泌物，这么多脏东西全部留在你的皮肤中，也就是你的毛孔中，毛孔不能呈现恢复作用不说，连呼吸都困难了。所以睡觉之前一定要好好地清洗脸部，如果晚上通宵熬夜的话，建议你也把妆卸了吧，少留点在脸上总是好的。

紫外线晒伤皮肤细胞

紫外线也是毛孔粗大的一个因素，紫外线会让皮肤晒黑、晒伤，还会造成肌肤组织的脆化，对细胞DNA造成很大的损伤。所以皮肤一直被紫外线伤害的话，导致皮肤免疫力低下甚至消失，本身就粗大的毛孔也就得不到自我修复。

爽快的撕拉式面膜

有时候为了去除鼻子上的黑头，有人会使用撕拉式面膜。撕拉式面膜确实会让你很爽很有成就感，用的时候感觉皮肤里的脏东西全部被你拔出来了，就像清垃圾一样前所未有的干净。但是你要想想，在拉下面膜的时候是不是觉得很疼？你自己都能感觉到痛，难道皮肤就无所谓吗？在撕拉式面膜这么强大的外力作用下，毛孔不会变大才怪呢！建议你放弃这种面膜，宁愿用去角质的办法清洁皮肤，也不要用这种暴力护肤法伤害毛孔了。

mistake

你是否对毛孔暴力相向了？

吸油面纸越吸越油

吸油面纸用着真的会上瘾，只要脸一感觉到油，就马上拿出吸油面纸，吸好后脸上别提有多清爽了。其实不管是哪里的美容师都已经指出，吸油面纸对毛孔有伤害，不只是越吸越油，还因为造成油水分泌不规律后导致水分更加大量地缺失，细胞阻塞后，毛孔越来越大。建议你改一下习惯，改用纸巾轻轻吸附脸上的油脂就好了，其实跟吸油面纸的效果是一样的，而且更健康。

用毛巾狠狠洗脸

这也是很多人会犯的错误，我们从小的洗脸习惯就是用毛巾来擦脸，家里大人都是这样教的。其实皮肤是很脆弱的，尤其是脸部皮肤，而毛巾的纤维十分粗糙，尤其是一直在使用的毛巾，不停地洗洗晒晒后，比新毛巾更加粗糙，长期用毛巾搓洗你的脸，当然皮肤也会变得粗糙，毛孔就更不用说了。洗脸的最佳办法是用手直接洗脸，现在美容论坛上热推的洁面巾什么的，我建议都没什么好用的，先不说这些东西的质地如何，长期使用也会有细菌繁殖的问题。

节食减肥

过度减肥会让皮肤状态变差，而最明显的就是体现在毛孔粗大上。过度节食后影响到身体的免疫系统，不能提供正常的维生素来保持皮肤健康，你去看好了，减肥阶段节食的女生，皮肤一定不会好，不只是脸色差，毛孔粗大更加明显。

抽烟

现在女人抽烟也是很常见的事情了，这本身这就是对身体有百害而无一利的事情，尤其是对女人而言，抽烟就等于在消耗你的皮肤寿命。抽烟会让你的血管强烈收缩，血液之间循环系统减慢，新鲜养分不能正常运送到皮肤中，于是干涩、老化问题层出不穷。尤其是当老化问题严重，脸部皮肤整体因为地心引力的作用往下垂的话，毛孔自然就会拉伸而撑大了。

甜品爱好者

适当的甜品可以保持人的好心情，但是过多的摄入却是毛孔粗大的又一个帮凶。经常摄入甜品，其中的糖分是会加快皮肤老化的，所以不只是蛋糕、甜点，最好平时的饮料等饮食中，都尽量避免摄入太多糖分。学会控制糖分的摄入，也就是控制住了毛孔粗大。

NO！

“不管是哪些问题造成毛孔粗大，我觉得保证睡眠质量是一切美容的前提吧。”Lynn瞄了一眼旁边呵欠连天的Mavis。

“呃……”Mavis被抓住后无语。

“不管你用多昂贵的护肤品，也要保证充足的睡眠时间。”Lynn继续说，“Mavis你之前不也还有黑眼圈的问题吗？”

“我现在已经改好很多了！”Mavis据理力争，“每周我都有3天时间是留在家里，晚上11点之前雷打不动就睡觉的，就是为了能保证睡眠质量。”

“成年人每天睡眠时间起码要8小时。”

“我觉得真正能做到的人不会太多。”Iris沉默。

“另外，不是经常有人建议用冰过的化妆水来护肤可以收缩毛孔么？”

“对啊！难道不是么？”

“我一到夏天就会把护肤品放到冰箱里哎，这样是错的？”

“我觉得要看温度，如果是皮肤受不了的温度，那肯定是没用的，太冰的化妆水甚至会让皮肤松弛，不要说紧致皮肤了。”

“呃，这就是传说中的物极必反么？”

Points

常见毛孔问题Q&A

Q：鼻翼以及靠近鼻翼附近的脸颊，出现黑头粉刺应该怎么护理呢？用去角质产品就可以解决问题吗？

A：先用去角质产品将皮肤表面的老化角质层去除，再用消过毒的挑痘棒将粉刺轻轻挑出，但此种方法只适用于开放型粉刺。如果是那种还没有长出来的粉刺，建议找专业的美容师将它挤出，随便乱挑粉刺会导致发炎，绝对NG！或者使用茶树精油，点一滴在痘痘上，可能也会让痘痘消下去。

Q：毛孔修饰乳对毛孔真的有用吗？它会不会是另一种堵塞毛孔造成粉刺的元凶？

A：完全不用担心使用了毛孔修饰乳会堵塞毛孔，因为修饰乳的粉质要比毛孔大，根本不可能进去。

Q：缩毛孔和美白能不能同时进行呢？还是必须先护理其中的一个？

A：现在市面上已经推出了有结合美白和毛孔护理的单品。尤其在夏天，美白和收缩毛孔是很多女人的问题，商家当然不可能放过这个机会。那么怎么来看这些单品是否兼具两种功效呢？要看美白产品中是否还有维生素C的成分，因为维生素C是可以抑制皮脂分泌的，也就起到了紧致毛孔的作用。

Q：担心护肤品用得太多会堵塞毛孔，所以跳过隔离或妆前乳，直接就上粉底？

A：隔离和妆前乳的一个效果就是有效隔离彩妆中的颗粒，降低毛孔堵塞的危险，你嫌它太厚不去涂，就等于着了彩妆品的道了。妆前隔离一定要做好，只要认真卸妆，彩妆根本就没什么可怕的。

to be beauty

“我有次看到一个博主的网文说，大家选面霜啊、防晒啊之类的产品，大多都是挑清爽质地的，但是这个博主很奇怪，她就偏偏喜欢选大家都厌恶的油腻型，越厚重越油腻的越好。”Mavis想起曾经看过的一个美容博客。

“这是什么道理呢？”众人疑问。

“此博主对美容还算有一套的，据她的话讲，她觉得越是清透的产品，颗粒越小，可能更会进入深层毛孔。”

“……这个理论还蛮奇怪的。”Lynn说，“我们一般都觉得厚重的膏体附在皮肤上，会阻塞皮肤呼吸，堵塞毛孔。倒是从来没想过，颗粒越小越容易进入毛孔！”

“那照这个理论，细小颗粒钻进毛孔中，甚至会进入到身体内，难道不会对健康造成影响吗？”Iris一下子想得远了。

“即使是医生，这种问题也不可能给出结论吧。”

少用点粉质化妆品更健康

我们无时无刻不希望功效好的护肤品能够全部被皮肤吸收，我们又无时无刻不希望彩妆品中的粉质能够一洗就掉，不再有堵塞的烦恼。总之，对毛孔的纠结一天都没有停止过。一般我们在用的粉质粉底或者散粉，是最容易卡进毛孔中的质地。就算没有卡进皮肤中，你想想在上妆的时候，这些粉尘多少会被你吸入肺中，不要觉得数量很少，想想粉尘的分子结构有多微小，多容易吸附在空气中吧。所以对于长期一直在用粉质类化妆品的人，为了身体健康和皮肤着想，建议换一下化妆品的材质，多选择一些霜粉质地或者液体质地的粉底吧。

warning !

beauty to know

磨砂膏和海藻泥面膜会堵塞毛孔？

磨砂膏的颗粒很大颗，看起来似乎有点恐怖，很多人担心它是不是会堵塞毛孔，其实毛孔比想象中还要细小，并不容易被皮肤吸收进去，更加不可能堵在毛孔中了，除非脸给磨破了，不然磨砂膏绝对不会给毛孔造成负担。其实很多化妆品并没有我们想象中那么容易就堵塞住毛孔了，而真正会堵塞毛孔的，其实是皮肤自己生成的皮脂和空气中的灰尘，所以不用天天提心吊胆谈“毛孔”色变。另外，皮肤容易出油的女生们，大多都会给自己准备一款海藻泥面膜，用来洁面去油脂，用完后整张脸又清爽又细嫩。但是很多人都怕海藻泥会堵塞毛孔，每次做好面膜后都要一遍一遍地洗脸，确认是否有残留留在脸上。其实，海藻泥没有你想得那么可怕，它是不会被皮肤毛细孔吸收进去的，甚至根本不会堵塞毛孔，所以喜欢用海藻泥洁面的话，请放心使用，不会有肤色问题哦。

al mask

“讲到洁面，我觉得有必要提一下哑光质地的彩妆。”Mavis突然想到什么，提醒大家，“哑光质地的彩妆是最难洗干净的，很可能残留在皮肤毛孔中。”

“这个倒是第一次听说！”Saron来了兴趣，“用卸妆也难卸吗？”

“因为哑光质地一般都比较细腻，我们平时看到那种BlingBling的彩妆肯定觉得要好好卸干净吧？”

众人点头。

“那是因为肉眼看到了，会多加留心。其实亮闪闪的彩妆颗粒比较大，没有想象中难卸，而且卸没卸干净看得很清楚。可是哑光质地就不同了。质地细腻说明渗透力更强，很可能就嵌在毛孔中很难清洗。”

“那既然卸妆液没用，Mavis你平时怎么卸呢？”

“一般我都是先用卸妆油，稍微在脸上停留段时间，然后用化妆棉擦干净，接着再洁面。”

“那不是和我一样嘛。”Iris打岔道。

“别急啊！接下来，在补水之前，我会先用化妆棉蘸满水，轻轻地再擦一遍皮肤。”Mavis不知是不是危言耸听，“你不要不相信哦，擦了一遍以后看化妆棉上，真的会有脏兮兮的还没卸干净的残妆。”

“看来，哑光彩妆看似很漂亮通透，还是要多加留心才好。”

毛孔粗大怎么用化妆来掩盖？

上妆的时候我们会发现，越是想掩盖缺陷的地方，越是容易暴露出来，尤其是粗大的毛孔，涂上粉底后越加的凹凸不平引人注目。究竟应该怎么样上妆才能完美地修饰掉它呢？我们的肌肤，看似平滑，但并非是一个整体平面，即使是再整洁光滑的皮肤，也会有凹凸。而涂粉底的原理，其实就是将粉饼细微的粉末颗粒覆盖在皮肤凸出部分，而对于凹进去的部分，也就是毛孔来说，遮盖是没有任何作用的，尤其是粗大的毛孔，凹得越厉害就越没有办法遮盖了。听到这里也不用气馁，即使不能遮盖凹的部分，那我们就想个办法，将凹进去的毛孔在视觉上让它藏起来。

首先，选择一款修饰毛孔的产品，一般我们用来遮毛孔的产品都是带有折光效果的遮瑕膏或者粉底霜。折光效果就是利用光可以折射的原理，在视觉上减轻粗大毛孔形成的凹凸感，是不是很像魔术？在粉底的选择上，绝对不能用颗粒较粗或者珠光质地，这样会让你的毛孔无所遁形，更加明显。

其次，注意化妆时候的先后步骤和手法、力道。用手指或者专用遮瑕笔蘸取遮瑕膏，轻轻地以点排的方法，从鼻翼开始，延伸到脸颊上毛孔粗大的地方，接着横向推开。切记不可反复的涂抹，因为那样很容易将遮瑕品推得太厚，与其他地方的肤色有色差。然后用化妆海绵蘸取粉底液，以点拍的方式上妆，而且与之前遮瑕时候的方向要一致。

最后，我们经常发现遮瑕后的皮肤显得很干，因为遮瑕膏本身就是比较干的粉质，所以可以配合一款亲水的保湿乳液，与少量粉底调和后上妆。即使毛孔粗大的现象非常严重，也可以再上一层粉底乳液，妆也不怕很厚重。

ake up
ase
beauty to know
M·A·C
PREP+PRIME
IN
VISAGE
S FL OZ
SK-II
BRIGHTENING
LUCENT
BASE
Sea Results™
line filler
instantly diminish the look of lines
(soin recomblant antirides)
.85 fl oz • 25 mL

无暇裸妆速成

Step 1

在洁面后，要给肌肤增加水分滋养，将化妆棉蘸满化妆水后，覆盖在脸颊、额头、下巴等容易缺水的地方，大概等待2分钟左右就可揭去。之后，将保湿乳液以拍打的方式滋润肌肤，这个时候你会发觉肌肤水分还挺饱满的，状态不错。

step by step

Step 2

取收缩毛孔的产品以打圈的方式涂抹在毛孔粗大的T字区以及鼻翼两侧，此类产品质地轻盈细腻，收缩毛孔的同时也能填补毛孔凹陷位置。

nude

Step 3

选择能提亮肤色的打底霜，比如珍珠白色，涂抹在眼角、黑眼圈部位和嘴角暗沉的部位，让暗沉的肌肤显得别那么明显。

ook

Step 4

在涂抹粉底液的时候，先由内而外、再由外向内均匀地涂抹整脸，因为毛孔大小不同，所以涂抹的手法尽量轻柔，才能打造出紧致、平滑的肌肤。

Step 5

选择吸附力强的散粉，用刷子顺着毛孔方向以打圈的方式扫满整张脸，之后用手掌轻轻拍打肌肤，使粉妆更加贴合肌肤。

cosmetics

Step 6

最后还可以用海绵蘸取适量粉饼，轻轻按压在鼻翼及T字部位，让妆容更加持久。

step by step

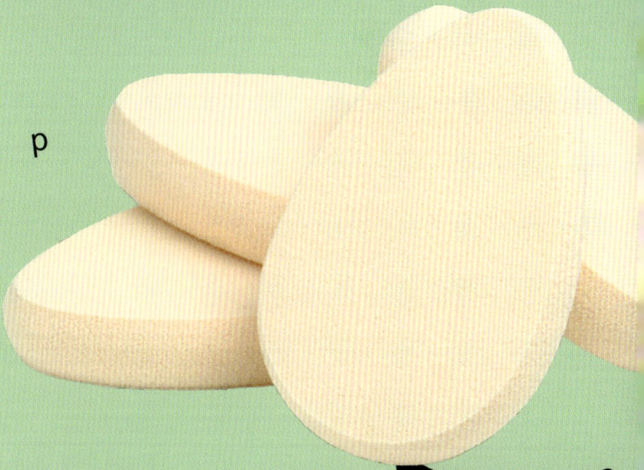

Key Wo

Part Nine ■ 身体肌肤不可忽视之重点

ds for Body Care

body skin

身体肌肤不可忽视之重点

刚入秋，Saron就明显觉得皮肤好干，脸上因为经常做补水的保养倒还乐观，身上就糟了，小腿手臂这里的皮肤太干了摸上去毛毛燥燥的，有时候还会很痒。Saron也知道秋天气候转变，皮肤很容易干燥瘙痒，每天睡前特别注意涂上了点滋润霜，皮肤才有点起色，不过只要稍微一个疏忽，哪天晚上忘记涂了，第二天一定又干回去了。在办公室聊天的时候，自然就带到了身体肌肤这个问题。

“我觉得女人，虽然有时候真的很爱美，可是总有点懒的潜质！”Mavis首先发表“谬论”，“你们别瞪我，至少我自己就是这样的嘛。脸上彩妆再好看，有时候衣服遮住看不见的地方，就会懒得天天去保养，反正……那个……眼不见为净嘛。”

“你还真够大大咧咧的。”Lynn感叹道，“不过身体皮肤，我觉得总归是不会像脸上皮肤那样勤快地去护理。”

“我觉得每天洗澡已经是很对得起它了。”Iris也说，“因为身体上的皮肤又不会化个妆上个粉什么的，没什么讲究的，只要保持清洁就可以了。”

“Iris你明明夏天的时候还烦恼不能穿吊带……”Saron无语，“背上不是会长痘么？”

“对哦，你一说我也想起来，脸上不长痘以后，感觉痘痘阵地全部转移到背上去了。”Iris想起来，“最近虽然有好一点的趋势，但是有时候还会冒出几颗痘痘。”

“那是因为背部油脂分泌太厉害了吧？”Mavis说，“我以前也长过的，还留过痘疤，以为是皮肤过敏还去医院看，医生说这个就是一般的痘痘。”

“那医生有没有说怎么护理呢？”Iris一听有戏连忙问。

“医生当然就开点清火的药给我啦，但是既然是粉刺，就应该跟脸上的粉刺一样来对待。”Mavis回想当初惨不忍睹的背部肌肤，“油脂旺盛，另外我们洗澡也只会擦擦沐浴乳，冲干净就好了，但是背部的角质也会厚，毛孔堵塞了就开始长痘，跟脸上是一样的原理。”

“你的意思是说，要去角质咯。”

start from here

背部肌肤问题之粉刺痘痘

很多人都觉得，背部肌肤又不像脸上的皮肤，每天穿着衣服不让它暴露在太阳和空气下，应该可以说没什么后顾之忧的，可怎么会无缘无故的就长上了粉刺和痘痘呢？其实你不知道，背部是除了脸部以外，身体其他皮肤里油脂分泌最旺盛的地方。年轻的时候也许大家都不会注意它的存在，但随着年龄增长，整个身体皮肤的新陈代谢开始下降，背部也不例外，毛孔阻塞的问题就自然而然的发生了。尤其是到了夏天，皮肤出油出汗、分泌出的油脂全会堵在毛囊中，加上衣服摩擦、沐浴乳没有冲洗干净、洗澡的浴巾细菌滋生等等，反正就是告诉你，背部肌肤已经变得越来越脆弱。所以女人真的应该给自己的皮肤定一个新的护肤议程，必须要把背部包括全身的肌肤保养都归纳进来。其实肌肤护理程序大同小异，总归是先清除掉污垢角质，再进行修护，有问题则针对性治疗，没问题的话就加强保护，补水、滋润做到位，将它作为日常护理，又有什么难度呢？身体肌肤像脸部肌肤一样，需要一套从清洁、滋润再到特殊护理的完善的日常护理程序，而任何的护肤程序都要从清洁这个大前提开始。

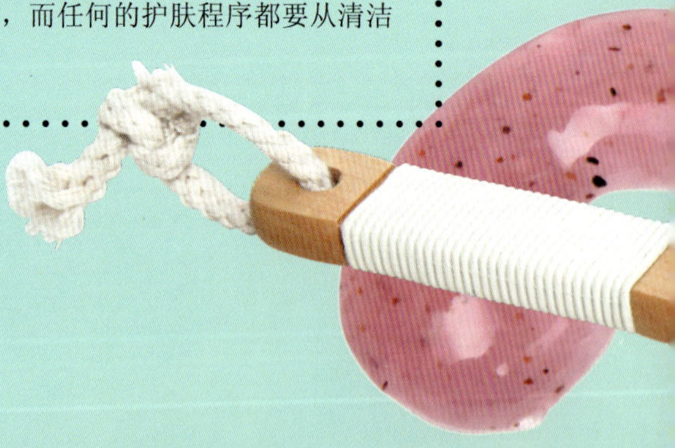

for body skin

products

BIOTHERM
AQUATHERMALE
AUX OLIGO-MINÉRAUX
WITH TRACE MINERALS
gommage corporel
peau lisse
exfoliating
body scrub
℮ 200 ml 6.76
THE BODY SHOP
SOFT HANDS
KIND HEART
HAND CREAM
Softens and moisturises.
Infused with angelica extract and
Community Trade organic olive oil.
ALL SKIN TYPES
DOUCEUR &
CŒUR D'OR
CRÈME MAINS
Adoucit et hydrate.*
À base d'extrait d'angélique et d'huile d'olive
biologique issue du Commerce Équitable.
TOUS TYPES DE PEAUX
75 ml (2.5 US FL OZ)
spa
~H2O+
sea salt
skin smoother
24 oz ℮ 680 g

clean your body skin

背部痘痘的护理重点

想在夏天吊带衫热裤装扮，可总是苦于背部粉刺痘痘层出不穷，只能隐藏在衣服下。要想拥有光洁的背部肌肤，日常的清洁与护理两者缺一不可。选择清爽型的沐浴乳来清洁背部肌肤，千万不要用太滋润的产品，因为你的背部本身就受不了油腻了。每周做1~2次的深层去角质是护理背部油脂分泌过旺的一个办法，它可以帮助老化角质脱落，而且用去角质产品按摩皮肤的时候还能促进皮肤的血液循环，可以让皮肤回复洁净状态。在选择背部去角质产品时，可以选一些颗粒比较浑圆细致的产品，如果产品中还添加除菌的精油成分，如茶树、薄荷等那就更好了。而且背部去角质的时候可以稍微比脸部肌肤用力一点去按摩，不用担心皮肤会受不了，因为背部的皮肤是人体全身上下除了脚底板以外最厚的一个地方。

clean your body skin

b

给背部补补水、杀杀菌

在彻底清洁了背部肌肤后，可以在背部涂上爽肤水和乳液来护理皮肤。也许你要问了，背部也需要基础三件套来护理吗？当然了！因为长痘和闹粉刺的关系，背部皮肤已经变得脆弱，加强护理是应该的，不要因为它不是脸部就差别待遇。又有人问了，爽肤水和乳液是直接拿脸上用的来用吗？当然不是咯，脸上和背上，虽然是同样的粉刺问题，但是由于肤质厚薄不同，是不能用相同的产品的，而且现在市面上已经有专门针对背部肌肤的水和乳液了。另外还有个方法可以教给你，省钱的女生可以自制一款护理背部的爽肤水。家里喷脸的保湿喷雾不是有一大瓶嘛，还总是发愁用也用不掉，在喷雾里面加入2~3滴杀菌的茶树精油，混合后喷在洁净后的背部，轻轻拍打让水分被肌肤吸收，这个办法对于杀菌来说还是很有效的，而且还能补水和收缩背部毛孔。

uty to konw

BIOTHERM
LAIT CORPOREL
EXPERT CORPS HYDRATATION
MOISTURIZING BODY EXPERT
lait corps anti-desséchant
aux essences d'agrumes
anti-drying body milk
with citrus extracts
℮ 200 ml 6.76 FL. OZ.
CLARINS
PARIS
au Dynamisan
Vitalité Fraîcheur Fermeté
nvigorating Fragranc
Vitality Freshness Firmness
CLARINS
CLARINS
PARIS
Huile "Relax"
Décontractante, Relaxante
100% Pures Plantes
Body Treatment Oil
Soothing, Relaxing
100% Pure Plant Extracts

消灭痘疤，迎接夏天到来

做足全套护理以后痘痘粉刺一定鲜少出现了吧，但是曾经长痘的背部也留下了不可弥补的疤痕，眼见夏天越来越近，背部痘疤要怎么消灭呢？背部的疤痕，也要用专门针对背部的美白产品来对待，因为长痘的时候黑色素沉淀，皮肤变得暗沉，加上痘痘复原时候留下的痘疤、皮肤不均匀等问题，都可以用美白产品来解决。除此之外，还可以用一些水果来敷，背部面积太大，现在为止还没有谁发明出“背膜”，那就用黄瓜或者茄子切片后敷上肌肤来护理，记住敷好后一定要用清水洗净。

to be beauty

Q&A

怎样去角质才能不伤害肌肤，又达到理想效果？

一般说来肌肤细胞新陈代谢的周期是28天左右，但如果在此期间肌肤遇到了问题，这个过程就会变慢了。此时，老化细胞在肌肤毛囊层堆积，难以正常呼吸，使肌肤开始变暗沉、粗糙，甚至开始长粉刺，所以定期去一下背部的死皮可以人为地清除老化角质，就当是手动帮助行动迟缓的细胞吧。但是过度频繁去角质同样也会损伤到皮脂膜，皮肤会变得太薄太脆弱，所以理想的去角质频率应该是每周1~2次最佳。

精油磨砂排除背部毒素

如果背部毛囊痘痘的情况比较严重，甚至有发炎的症状，不如做一个海藻磨砂来去除背部毒素。将海藻磨砂产品涂在背上，双手轻轻按摩，去除背部死皮。清洁后再敷上矿物质死海泥，可帮助背部皮肤深层排出毒素。但是大家普遍认为，背部深层护理在家里实在太不方便，因为自己够不到背部，不能有效地按摩，建议你去专业的美容院做一个背部去角质按摩疗程。

to be beauty

“Iris你年纪就比我们小3岁，怎么皮肤问题可以差这么多。”Saron想到自己为干燥所苦，而Iris竟然还在烦恼太油，“人家说三岁一个代沟，原来皮肤都有代沟啊！”

“我和Saron属于一个阶段的。”Mavis迅速站好队，“也是干燥惹祸！”

“我觉得身体是比脸更快地显示出年纪在上涨的。”Saron点头，“脸的话天天在保养，但是身体因为面积太大，总是有护理不到位的地方。我算是最近很注意了，但是昨天发现，脚踝这里也干燥起皮屑了，总是有这里那里的小角落被忽视了。”

“如果说Iris算是青春期，我们就是正在步入衰老期！”Mavis郁闷道。

“你们这么一说，我就是已经步入衰老期啦！”Lynn皱紧眉头。

skin hydrating

身体肌肤老化档案之干燥缺水

肌肤的理想状态是怎样的呢？看一下这组数据，“身体细胞中必须含有足够的水分，才能维持全身高达500多亿细胞的正常运转，通常身体的表皮深层和真皮层含有70%左右的水分，而肌肤角质层达到13%的水分”，满足这些水分才算是肌肤最理想的滋润状态。身体皮肤干燥的原因不外乎：一、年龄增长导致皮肤逐渐干燥；二、日常生活中，衣服材质、洗涤用品刺激到皮肤，此外还会受到酷热、寒冬的摧残。

start fr

秋冬季干燥主因

温差变化

冬天大家都喜欢待在空调房内，殊不知皮肤会跟人对温差的反应一样，反复经历从寒冷的室外到温暖的室内，再到寒冷室外的过程，温差变化让毛细血管剧烈收缩又扩张，皮肤变得更加敏感和脆弱。而且比起夏日的潮湿，除了身体内部会出现缺水状态之外，冬天的干燥、寒风等，都会快速将皮肤表面水分蒸干。再加上，北方室内都通暖气，让空气干燥加倍，身体皮肤感到不适的情况也会加剧。

着装习惯

秋冬季节，肌肤会和贴身衣服发生更紧密的接触，脱衣服的时候大家一定经常听到大量静电的声音吧，有静电发生就说明衣服质地会刺激到皮肤了。建议你选择纯棉质地的衣服，可以避免很多皮肤干燥、敏感、瘙痒等问题。

n here

ALOE BODY BUTTER
Enriched with Community Trade aloe vera. SENSITIVE SKIN.
REL
SENSIBLES.
Jurlique
Rose Body Oil
Hydrates and balances the body
℮ 100mL 3.3fl.oz.
Om
Om Aroma & Co.
Organic Sweet Baby Oil
Hydration for babies, children, & adults with sensitive skin. Soothing massage oil for babies.
ingredients: certified organic oils of jojoba, sweet almond, safflower, vitamin e
8 oz. - 227 g

6 advice

熟龄肌肤抗干燥6个重点

! 选好你自己的沐浴液

不要轻易相信广告中明星代言的沐浴乳会有神奇效果，选择沐浴乳的时候还是要看一下成分，要选超强水分滋润的沐浴乳。

! 一周一次去角质

去角质绝对可让肌肤即刻就有光滑滋润的感觉，熟龄肌肤因为油脂分泌没有青春期肌肤那么旺盛，所以不必隔三差五地做角质清理，一周一次的频率最好。

! 选最滋润的身体乳

如果肌肤正值异常干燥的状况，选择一款滋润的身体乳很重要，看清楚产品上是否标注着“适合干性或极干性肌肤”字样。

洗澡后第一时间涂抹身体乳

洗澡之后，在身体肌肤还未完全干透前，必须马上涂抹上身体滋润乳，这样才能把水分储存在皮肤内，达到滋润效果。

季节转换，产品跟着换

夏天如果使用了清凉或美白功效的沐浴乳的话，到了秋冬季一定要换成滋润功效的产品，千万不要一瓶超大毫升的沐浴乳一年四季的用。

洗澡水温不宜过高

很多人觉得冬天洗澡水温烫一点可以加速血液循环，事实是，过热的水会过度分解肌肤表层的油脂，令皮肤更加干燥紧绷，而且每次洗澡的时间，包括泡澡，都不要超过20分钟。

soft everlasting

Tips

每次沐浴后都会涂上厚厚一层身体乳，可不久后又觉得干？

身体肌肤中的皮脂腺远远没有脸部肌肤那么旺盛，因此身体肌肤，尤其是腿部、手臂处和手肘在秋冬季经常容易出现缺水和干燥的问题，一般来说在沐浴后应该立即擦干水分，第一时间内涂上身体乳，但这只是针对普通的健康肌肤而言。如果属于偏干性或敏感性肌肤，或者没在刚洗完澡就涂抹身体乳，甚至涂抹的量不足，那么会在很短时间内就出现干燥，回到缺水状况的原点。建议你可以选择滋润度更高，膏体比较厚重的乳霜来用。

干燥到瘙痒的皮肤该怎么办？

冬天皮肤太干甚至还会出现干痒的状况，这应该算是肌肤干燥的最高级别了，忍受不了用手去抓的话经常不小心就破了皮，或者留下小红疹，搞得人的情绪都很不稳定。当发现皮肤太干升级到皮肤瘙痒，除了日常滋润外，就要注意在饮食上调节了。生活上忌饮酒及食用辛辣刺激性食物，宜穿纯棉内衣，避免洗澡过勤、碱性肥皂和热水烫洗的刺激，还可配合使用钙片、多种维生素等恢复身体内部水结构。而外部滋润的话，以止痒润肤为原则，如选择含丰富甘油的产品；也可去药店看看有没有对肌肤大补的尿素霜来滋润皮肤。尿素不要看名字觉得不怎么样，它算是医用价值很高的滋润类抗菌类乳霜，现在很多市面上贩售的护手霜里也开始纷纷加入这一元素。

to be beauty

moisten your skin

“我最近会发现，夏天不小心被晒到的手臂、背部的皮肤会出现斑点。”Lynn讲起自己遇到的问题，“身体上的斑点比脸上的更顽固，不容易褪掉，美白产品用上去因为只顾及到有斑的地方，又出现了局部皮肤不均匀。”

“这是身体防晒没有做好的后遗症吧。”Saron说。

身体肌肤晒后老化之肤色不均匀

身体肤色的正常情况应该也和面部肌肤一样，不仅光洁透亮而且均匀，没有瑕疵，质地细致而富有光泽感。肤色不匀主要是经过长时间的紫外线照射，而没有采取任何保护措施。而当年龄增长，细胞基础代谢减缓，老化角质不能顺利地被代谢，影响了肌肤正常的呼吸，肤色显得黯淡，无光泽，而且摸起来很粗糙。

3 advice

均匀肤色重点护理

给身体肌肤排毒

身体肌肤摸上去粗粗糙糙，暗沉无光，再漂亮的衣服也穿不出美感来，所以一个月内给身体肌肤指定2～3次排毒时间吧，蒸汽浴或桑拿浴，可令体内毒素随汗水流走，在排毒前后喝一杯清水或水果茶，更利于身体毒素的排除。

使用去角质浴盐产品

每周用去角质浴盐，借助海绵帮助身体温和地消除老旧角质，身体角质层过厚，就会影响肌肤的光泽度，也会令肤色看起来暗沉不均匀，做好角质清理肌肤呼吸会更顺畅，肤色就会好转。

抗衰老滋润产品

30岁后身体肌肤的老化步伐逐步加快，除了多关照身体肌肤的清洁，也要精挑细选滋润类产品，一些含天然滋润成分、具有抗老化精华的润体霜，是帮你抵抗身体肌肤老化的好帮手。

身体肌肤晒后老化之黑色素堆积

正常情况下的身体肌肤应该是水润光滑，由于身体肌肤有衣服的保护，也没有色素沉着，弹性好，其光润度绝对要比面部肌肤更好。可是肌肤在经历过夏天烈日的洗礼后，黑色素开始活跃，尤其是身体肌肤没有得到防晒保护的情况下，斑点的表现欲很强，趁虚而入成为肌肤老化的第一个大问题。而且细胞代谢减缓，老旧色素代谢不掉，即使慢慢在恢复，新的色素又产生，身体上的斑斑点点就冒了出来，通常手臂、肩膀及前胸部位，是斑点最肆虐的地方。

repair you

Points

让身体肌肤迅速变得滋润光彩

最简单的莫过于去美容院做一整套身体护理疗程，不必自己动手就一切搞定。不过如果你想自己在家里进行保养，那么想想看，对于面部肌肤而言，最有效的方法是什么？当然是面膜。那么同样道理，体膜也是集中保养身体肌肤的好东西。矿物质体膜通常都含有丰富的天然矿物质及微量元素，能迅速补充皮肤所需养分，同时还具有美白、排毒、保湿等不同功效，建议在敷体膜前泡个热水澡，打开的毛孔能更好地吸收体膜中的营养成分。

香氛身体乳的芳香如何保持更久？

香氛型身体乳不仅滋润，好闻的味道也让好心情大增。不过身体乳的香味总是很难保留，它不像香水那么持久性强。教你一个好办法，可以先涂一层无香味的滋润型身体乳打底，再用保湿喷雾轻喷于肌肤上，将肌肤充分湿润后，再涂上香氛型身体乳，量多一点，用于肌肤上按摩至吸收，这样留香的时间会比直接涂在干燥的肌肤上要长一倍。

to be beauty

Tips

n

Part Ten ■ 千钧一“发”保养秘笈

Beauty Your Hai

Be Stylish

团购风行，Mavis当然不甘示弱，这段时间进公司第一件事就是打开团购页面看看有什么合算的新商品。今天的特价是一家发型专业沙龙的优惠券，Mavis算算自己的头发也将近两个多月没有修剪过了，现在层次有点不明显，这家店也是以前自己关注过的，在业界也比较受好评，不如趁这次机会团一次，于是跃跃欲试。不过做头发当然要找个伴，不然几个小时下来多无聊，Mavis自然而然想到办公室中其他三位，马上群发给大家。

“这家店不错啊，看图片环境也挺好的。”Iris率先出声。

“Mavis你要剪头发吗？”Lynn问，“看上去还可以，不过新长出来的发根和先前染过的稍微有点色差了。”

“是啊，”Mavis点头，“我想去补染一次。”

“我也想修头发了。”Saron看完网页后积极响应，“我发尾头发分叉好严重啊，要去修一下了，不然老是断裂，头发都长不长了！”

“我头发也长得慢！”Iris摸摸自己总是到肩膀的中长发，“倒不

Hair

千钧一“发”保养秘笈

to be beauty

是开叉断裂，就是长得慢！”

“那你指甲长得快咯？”Mavis打趣道，“长头发不长指甲，长指甲不长头发。”

“我和Saron情况相似，头发摸起来很干涩。”Lynn说，“不过还好我没有开叉。”

“我已经专门买了滋润型的洗发水，而且天天还用护发素。”Saron想到自己的头发就心疼，“但是照样分叉。”

“我觉得你的头发，缺的不是滋润吧，可能是之前染烫太厉害，所以受损了。”Mavis摸摸Saron的头发，“正好这个周末去剪头发，不如问一下那里的发型师怎么来救救你这头枯发吧。”

第一眼美女先看发质

有一句玩笑话叫“发型一乱，天下大乱”，可见发型对整体形象有多重要。尤其是女人，健康光泽的头发总是会引起大家的注意，据最新的街头调查，长发美女的回头率可是最高的。所谓美丽从“头”开始，头发算是给别人的第一印象，所以如果你爱护形象的话，千万要重视秀发的打理。

三千烦恼丝，护理起来有多烦恼？

呵护秀发，应该与呵护肌肤一样重要，但大家总有个观念是，发质万一变得不好了，那就去请发型师“咔嚓”一刀剪了，慢慢再留长就是了，不用像皮肤那样，有了问题只能慢慢保养恢复，不能直接换皮。这个观念对不对？乍一听好像是挺不错的，我相信80%的人都会有这样的想法，甚至有些发型师也会这样告诫你，“头发分叉了赶快剪掉吧”！可是你知道吗，剪掉分叉干枯的头发真的是“眼不见为净”的最佳写照，修剪只能防止头发暂时性的分叉，但却治标不治本。很多人应该深有体会，即使把开叉的头发剪了，隔了一段时间，发尾的头发照旧开始分叉。所以，解决分叉头发的关键，绝对不是“长痛不如短痛”的一刀剪掉这么简单，而是要保护头发的健康，将头发缺失的蛋白质和维生素，统统还给它。

o protect your hair

hair fashion

healthy hair

hair fashion

“我也舍不得咔嚓一刀就把留了这么长的头发给剪了。”Saron心疼地说，“可是怎么样护理头发呢？我已经用了滋润型的洗发水，洗发之后也都用护发素保养，而且大概每一个礼拜就给头发做一次发膜。”

“我不知道大家是怎么来挑洗发水的，”Mavis说，“以前专门帮我修剪头发的发型师告诉过我，其实洗发水应该选择适合头皮的，而不是头发。”

“这是什么意思，头皮和头发还不是一样的吗？”Iris诧异道。

“要看的，比如说容易出油的头发，那真正出油的其实是头皮啊，头发只是毛发，怎么可能自己出油呢？”Mavis解释，“头皮其实说穿了也是皮肤，跟我们脸上的皮肤性质是一样的，如果你肤质偏油，那么头皮一定会比较容易出油。”

护理好头皮，才有健康发质

在洗发水的选择上，也许是受了各种洗发产品广告的误导，大家普遍会认为是根据发质来选择洗发水的。

现在明确告诉你这个观念绝对错误！洗发水是会直接接触到头皮的，而头皮的皮肤，与头发的组织结构全然不同，所以头皮和发丝是应该分开来保养的。

头皮是创造健康秀发的基础，往往发质有问题的人，都是头皮首先出了问题，但是大家发现问题大多针对发丝来做保养，忽略了头皮的重要性。比如说有头皮屑的人，其实是头皮受到了真菌感染，加快了脱皮导致头皮屑，因此应该选择针对头皮护理的洗发水，而发丝的保养就交给护发素和护发产品就够了。

现在市面上的洗发水大多分成干性、油性和中性，最近因为被发质困扰的人越来越多，厂家又推出了烫发、直发、染发、受损发质等，我们应该怎么来分辨呢？首先，判断自己的头皮是否健康，如果头皮没什么异常的话，通常与脸部肌肤的属性相同，根据肤质对号入座就可以了。而上面讲到的针对发丝的功能性产品，其实实际效用并不怎么好，因为这类洗发水是按照发丝来设计的，也就是说，它不管你的头皮是什么属性。打个比方，你的发质干枯所以选择了一款修复受损发质的滋润型洗发水，但你的头皮本身可能是油性的，这样的情况下也许这款洗发水就会加重头皮的负担，让头皮出油更厉害，而头皮油水不平衡的话，也不可能让发质健康。

step by step

健康的洗发顺序

STEP 1

洗发前，先要用梳子把头发梳顺了，因为打结的头发直接洗的话很容易在洗发过程中断裂，梳头的同时其实也在按摩头皮。

STEP 2

湿发后，先用清水将头发里里外外的冲洗一遍，这样做的好处是可以清除一部分头发上的灰尘、脏东西和头屑，在用洗发水的时候，用量就能相对减少，对头皮的刺激能减就减。个人认为这一点很少有人做到，大家都是湿发后第一时间用洗发水洗吧。

STEP 3

洗发水取硬币大小倒在手上，加一点点水轻轻揉搓至起泡后，再涂抹于头部清洗，最后冲洗干净，重复两次可以彻底地清洁头皮和头发。洗发水千万不能直接倒在头上就洗了，洗发水的浓度很高很容易伤害到头皮，甚至会引起脱发的后遗症。

STEP 4

洗发的过程应该是用指腹轻轻按摩头皮，切记不可用指甲来抓头皮，不要贪图一时的爽快，指甲中的细菌对头皮的危害很大，而且指甲那么锋利很容易抓破头皮。油性头皮的人注意要清洗干净头皮，如果是干性的话，就不用洗得太久。

STEP 5

最后清水冲洗掉洗发水，一定要冲洗干净，不然遗留的洗发水会对头皮造成过敏。也不要用太烫的水来冲洗头皮，热水可是头皮水分的“杀手”，建议用温水来冲洗头发，多冲洗几次就干净了。

products

to be

“原来洗个头发还有这么多理论性原理。”Iris咋舌，“用洗发水之前要用水冲洗头发，这点我还真的从来没有做到过。”

“所以说我们平时的洗发习惯有多糟糕。”Saron感叹，“我也是早上洗头贪图快，头发一打湿，洗发水直接就往头发上倒，现在想想还真吓人啊！”

“那么护发素呢？”Lynn继续问对秀发保养深有研究的Mavis同志，“护发素需要天天上吗？”

“对啊，因为我头皮容易油，所以护发素都是一天隔一天来用的。”Iris说。

“护发素当然要用咯，每次洗头都要用护发素。”Mavis答道，“刚才不是说过么，洗发水是洗头皮的，那护发素就是专门护理发丝的了，头皮发丝要分开护理，不可能洗了头皮不洗头发吧？”

Korres natural products
SINCE KIEHL'S 1851
EXTRA-STRENGTH
CONDITIONING RINSE
FOR DRY or DAMAGED HAIR
with added Coconut Oil
16.9 fl oz. - 500 ml
7B017
KÉRASTASE
NUTRITIVE
OLÉO-RELAX
SLIM
CERA-TRIOLEUM
Ceramic Tools
VS SASSOON
INSTANT HEAT

护发素滋润发丝很重要

既然发丝和头皮要分开护理，那么洗完头皮后，要做的当然就是上护发素咯。就如同肌肤洁面补水后，肯定要上乳液一样，发丝也是需要滋润的，护发素是按照发质来挑选的，比如你的发质油，那么就选择油性发质专用的护发素。使用护发素的方法还有人不清楚么，大家通常都会注意不让护发素沾到头皮上吧？

mak
per

怎样梳头最安全

首先，梳子的选择很重要，一般来说建议不要使用塑料质地或金属质地的梳子，天然材料、橡胶树脂质地的刷子或宽齿的梳子是最理想的梳子。好的梳子在梳理头发时不会引起静电反应，不要觉得静电没什么大问题，化纤质地的梳子在梳头发的时候引起静电，会让头发越梳越干燥。

另外，头发在刚洗完还湿的情况下是不能用梳子来梳的，因为湿头发的表皮层处于开放状态，非常脆弱，而梳子在这时候就像利器一样，会伤害到发质。所以在湿发情况下要梳理头发，就用指腹轻轻梳理按摩头皮就好了。

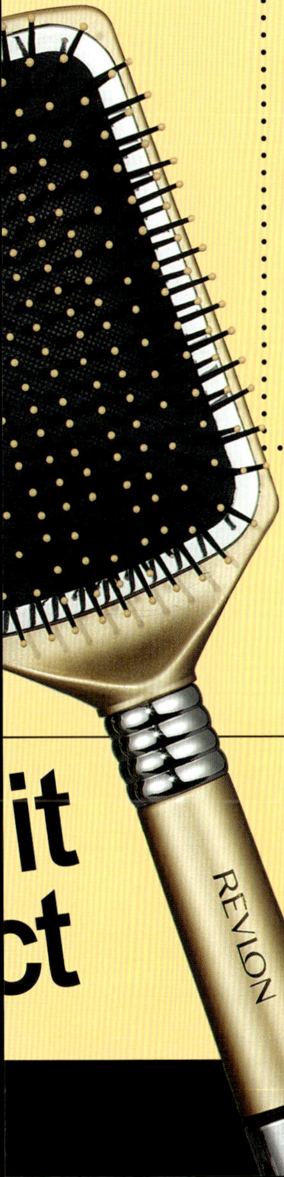

beauty to know

用多种品牌的护发素

我们经常都会有点品牌忠诚度，觉得一个品牌的护发素用了比较好，就会持续一直用同一种。但是同一种牌子的护发素，往往在成分、配方上都比较雷同，也就造成了营养单一，如果你想获取其他的营养成分，建议不要局限在一种品牌上。应该在用完一瓶护发素后，换一种品牌或者功效的护发素来护理发丝才最合理，如果你一次买几种护发素轮流来用，那就更好了。

repair your hair
L'ORÉAL
PARiS
巴黎欧莱雅 专业修护受损秀发
深层修复|润发乳
INTENSIVE REPAIR
凝护胶元
针对干枯受损发质
RENE
FURTERER
PARIS
FIORAVANTI
NATUREL
Spray démêlant
sans rinçage
extrême brillance
tous types de cheveux
extreme shine
all hair types
No-rinse
detangling spray
5.07 fl.oz.
SOIN
CAPILLAIRE
après shampooing
HAIR CARE
CONDITIONER
sisley
PARIS
NET WT 5.3 OZ 151 g 150 ml
EXTRA
CARE
HAIR REPAIR
亚洲之美直发垂顺
精华凝露
ASIA STRAIGHT ANTI-FRIZZ SERUM
易蓬卷毛躁发质专用
顺直并莹润秀发

上了造型品后卷发看上去太僵硬

烫过头发以后，发型师都会说要抹点造型品来打理卷发，但是很多人自己打理卷发，头发都会摸上去又干又硬，一点都没有光泽感。有时候还一簇一簇翘翘的，就好像假头发一样，发质看上去一点都不柔软，头发都白烫了。用了造型品头发会干硬，主要是因为你是在头发还没全干的情况下，就上造型发蜡了，所以建议尽量吹干头发后再用发蜡打理。如果早上需要洗头却又赶时间的话，试试先用毛巾将头发上的水分吸干，再用吹风机吹干头发，会比直接吹发快很多。再有，可以购买发蜡质地的造型产品。

to be beauty

Tips

每天洗头伤害发质？

很多人都说天天洗头不好，会把头发洗得太干。其实头发和皮肤一样，需要天天清洗，既然每天都要洗脸，凭什么说不能天天洗头发呢？尤其到了夏天，油脂和汗水分泌旺盛，头皮和头发的清洁就更为重要了。只要选择一款酸碱度适中的洗发水，天天洗头不可能伤害到头发，甚至每天洗发时候的按摩还能刺激头皮的血液循环，让头皮生长更健康。如果你觉得每天洗头太伤头发，建议你需要换一下洗发产品，而不是更换这个洗发观念。

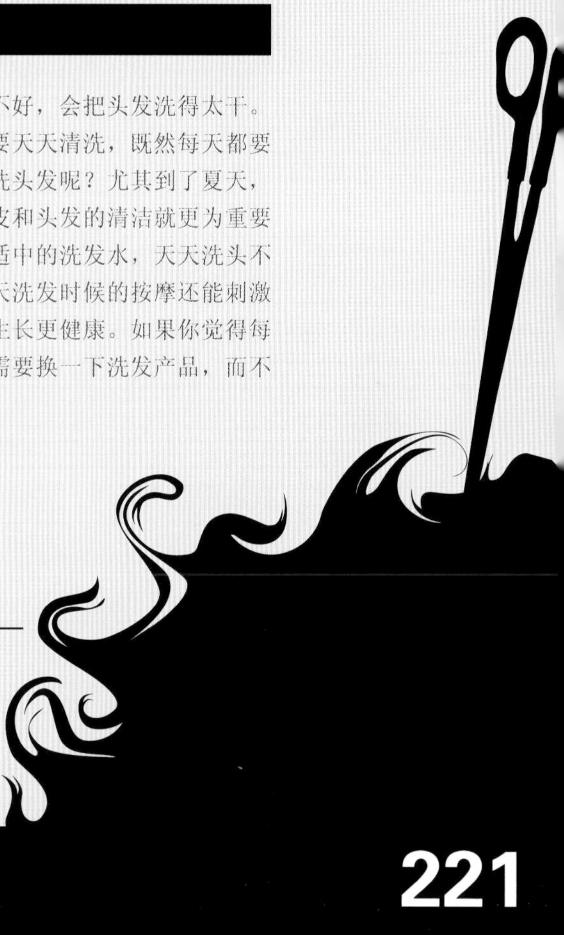

althy

r

图书在版编目（CIP）数据

OL魅力物语 / 陆莹著. — 济南 ：山东美术出版社，2011.02
（魅力OL情景剧场）
ISBN 978-7-5330-3286-9

I. ①O… II. ①陆… III. ①女性－美容－基本知识 IV. ①TS974.1

中国版本图书馆CIP数据核字（2010）第213549号

项目统筹：张　芸
责任编辑：陈　琦
装帧设计：梁文婷
插　　画：福虎文化工作室
出版发行：山东美术出版社
济南市胜利大街39号（邮编：250001）
http://www.sdmspub.com
E-mail:sdmscbs@163.com
电话：（0531）82098268　传真：（0531）82066185
山东美术出版社发行部
济南市胜利大街39号（邮编：250001）
电话：（0531）86193019　传真：（0531）86193028
制版印刷：山东临沂新华印刷物流集团有限责任公司
开　　本：145×195毫米　32开　7印张
版　　次：2011年02月第1版　2011年02月第1次印刷
定　　价：32.00元